# 行銷人是你
# 錢包的舵手

# 目錄

Contents

Contents

# 前言

什麼是行銷？做市場的人都知道，行銷就是「根據市場需要，組織生產產品，透過銷售手段把產品提供給需要的客戶。」近幾年，隨著經濟的發展，市場競爭日趨激烈，我發現：很多企業往往不自覺將主力放在如何擊敗競爭對手上，而忽視了企業發展的核心要素——行銷的重要性。

在我的「不競爭」系列圖書中，經常提到一個觀點：我們企業參與市場競爭的最高境界就是「不爭」。在當今這個買方市場條件下，如果你的行銷不合大眾胃口，在擊敗對手之前，恐怕你已經先陣亡了；而如果你的行銷成功，企業無須競爭，市場自己會來找你。

那麼，怎樣才能做好行銷？我的建議是：從行銷的本質入手！

那麼，行銷的本質到底是什麼？對於這個問題，有不同的看法。

有「現代行銷之父」美稱的菲力浦．科特勒認為「行銷就是致力於發現客戶的需求，並以此為基礎生產適合市場需求的產品」；著名市場策略專家麥可波特認為「行銷是一種能力，是在一個特定領域中，有效重組各種競爭要素的能力」。

對行銷的理解，我比較傾向於菲力浦・科特勒的觀點，認為行銷的核心在於發現需求，其他的如產品研發、品牌建設、廣告推廣、通路建設、實體店、銷售等因素，都要從消費者的需求出發。

現在市場環境的變化可謂日新月異，如果企業決策者不清楚消費者需求，就難以採取有效的行銷對策，更難以在競爭中取勝。

那麼，如何才能準確把握消費者需求？

從消費者的心理入手。

要知道，一切購買行為，最後都取決於客戶當時的情緒導向，也就是客戶的心理。正如日本著名行銷專家小村敏峰所說：「現在如果我們不用感性分析市場，就根本無從理解。」

所以本書強調，企業要想從當今「處處是紅海」的市場競爭中謀得一條發展之道，就應該學會從消費者的內心需求入手，分析影響消費者購買心理和行為的各種因素，再針對顧客的心理特點選擇相應的行銷策略。

從心理學角度看行銷，不僅可以使企業深入消費者的行為與心理規律，可以在一定的範圍內對自己和消費者的行為預測和調整，也可以透過改變內在外在的環境，實現對消費者行為的調控，引導消費者需求。同時還能幫助企業了解行銷者、競爭者、利益相關者的行為與心理規律，明白競爭對手對自己決策的反應，掌握企業相關利益團體的配合程度，真正做到對各方面都「知根知底」，提高決策的科學性和針對性。 現在很多企業，都希望能得到合作者和消費者的了解、認同和忠誠。研究好行銷中的心理學，可有效提升企業與合作者、消費者之間的溝通，大大促進他們對企業願景、發展理念的認可，提高他們對企業的滿意度和忠誠度，成為企業和品牌的忠誠者。

為了廣大讀者更好地了解行銷、把握行銷中的心理學，本書在寫作過程中，精選了大量的行銷案例，其中有作者親身經歷，也參考了大量優秀的行銷著作，如孫慶群老師主編的《行銷心理學》；王有天、彭偉翻譯的美國著名銷售專家崔西所著的《銷售中的心理學》；盧泰宏、高輝翻譯的美國著名行銷專家科特勒所著的《行銷管理》等著作，但是絕不限於這些，因篇幅所限無法一一列出，在此特向相關作者和譯者表示感謝。另外，向參加本書編寫的倪龍俠、夏亞軍、尹劍卿、王燕、聶甯、蘭麗恆和楊雪獻先生表示感謝。

作 者

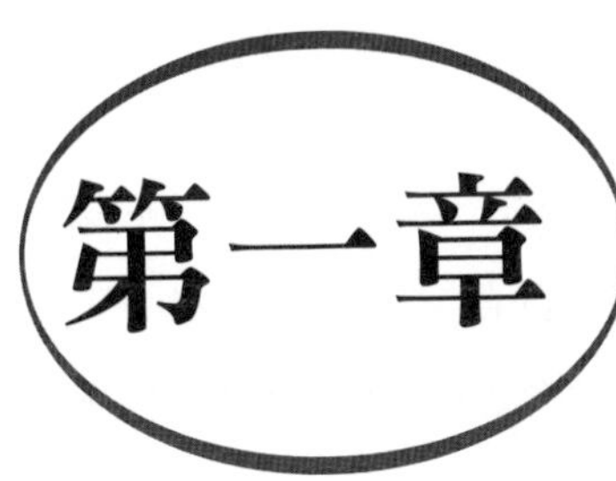


# 要想賣得好，產品要給力——產品行銷心理學

# 產品源自消費者心理需求

現代消費者心理出現了變化：對名牌、優質、新潮、新穎別緻、喜慶吉祥、衛生、方便、省時產品的趨向逐漸增強，而對以前較為流行的促銷方式推薦的削價產品、宣傳介紹賺噱頭的產品、無特色產品的購買日漸減少。

顯然，人們的消費心理和行為明顯趨於理性。這對生產和行銷企業提出了新的要求：如何生產出讓消費者滿意的產品？在行銷過程中應採取怎樣的策略，才能滿足消費者的需求？

## 一、認識消費者的需求

二〇一〇年南非世界盃足球賽，至今依然使人們記憶猶新，也讓很多在期間大賺一筆的企業回味無窮。

在世界盃開賽前，許多忠實的球迷們早已按捺不住激動的心情，在網路上交流著以往觀看比賽的心得。很快，諸如「時間安排需合理，零食啤酒要準備」的口號開始流傳開，球迷們還瘋狂到搜刮各隊球衣、零食、熬夜保養品等專業武器，為世界盃期間觀賽做好一切準備。

就在這樣的氣氛下，企業紛紛將目光投向球迷市場，大打世界盃招牌，從看世界盃專用液晶電視，到熬夜飲食和保養品，大大小小的產品一時充斥在市場上，在滿足球迷們需求的同時，也賺了缽滿盆滿。

這些成功的案例足以說明：準確認識消費者需求，然後滿足他們，是企業成功的必經之路。企業及其行銷人員必須深入學習、掌握消費者的心理現象及其規律，才可能制定出科學、有效的行銷方案，滿足市場需求，促進企業發展。

說到需求，就不得不提及美國人本主義心理學家馬斯洛的「需求層次理論」，他將人類的需求由低級到高，分成以下五個層次：

### 1・生理需求

維持個體生存和人類繁衍而產生的需求，如對食物、氧氣、水、睡眠等的需求。

### 2・安全需求

在生理及心理方面免受傷害，獲得保護、照顧和安全感的需要，如要求人身的健康，安全、有序的環境，穩定的職業和有保障的生活等。

### 3・愛與歸屬的需求

希望給予或接受他人的友誼、關懷和愛護，得到某些群體的承認、接納和重視。如樂於結識朋友，交流情感，表達和接受愛情，融入某些社會團體並參加他們的活動等。

### 4・自尊的需求

希望獲得榮譽，受到敬重，博得好評，得到一定社會地位的需求。自尊的需要與個人的榮辱感緊密聯繫，它涉及獨立、自信、自由、地位、名譽、被人尊重等多方面內容。

### 5·自我實現的需求

希望充分發揮自己的潛能，實現自己理想和抱負的需求。自我實現是人類最高級的需求，它涉及求知、審美、創造、成就等內容。

馬斯洛認為，人的各種需求都可以歸為上述五類，其中生理需處於最低層次，依次上升，而自我實現是最高層次的需求。通常，低層次的需求得到滿足後，會產生較高層次的需求。

可見，人們的消費行為是從需求開始、由動機推動。人們的日常消費活動，如吃、穿、住、用、行、娛樂、保險、醫療保健、教育文化等無不與消費者的需求緊密相關。

人們的需求總是不斷被滿足又不斷產生，一種需求滿足後，又會產生新的需求。正是需求的不斷發展，決定了人類消費活動的多樣性和長久性。

## 二、能滿足消費者需求的產品才是好產品

心理學中，對需求這一概念這樣解釋：需求，是有機體在生理和心理方面感到某種缺乏，而力求獲得滿足的心理傾向，它是頭腦反映出有機體自身和外部生活條件，能夠推動人們去從事某種活動。

對於消費者來說，一個好的產品，要能夠滿足他們生理和心理上的匱乏狀態，讓消費者想要獲得它們。而從產品的角度

來說，一個好的產品，是能夠從物質和精神兩方面滿足消費者需求。

其中，物質需求主要是指對與衣、食、住、行有關的物品的需求。隨著社會的發展和進步，人們越來越多地運用物質產品體現自己的個性、成就和地位。但需要注意，物質需要不能簡單地對應於前面所介紹的生理性需要，它實際上已日益增多地滲透著社會性需要的內容。

而精神需求則主要是指認知、審美、交往、道德、創造等方面的需求。這類需求主要不是由生理上的匱乏感，而是由心理上的匱乏感所引起的。

消費者購買產品的動機絕大多數是生理需求與心理需求的合力促成，但就每一具體產品來說，消費者需求的側重點不同。

由此可以說，一個好的產品，需要建立在對需求的滿足之上，然後再在此基礎上，完善其他方面的訴求。

就好比，如今市場上的手機，形態和功能可謂變化多端，但主要功能還是離不開語音溝通。假如一部手機的通話音質不行，就算這個手機再炫再酷，其功能再多，也會被用戶捨棄。

而企業要想發展，就需要根據市場的現狀，快速地找出需求，並填補空白。

關於如何做到這一點，海爾集團就是一個很好的例子。

中國北方大部分地區飽受沙塵暴肆虐。沙塵所到之處皆黃沙漫天，空氣中彌漫著一股土腥味，給人們的生活和工作帶來諸多不便，車輛、樓窗、街道乃至整個城市，都蒙上了層層灰沙。

海爾卻從這一城市災難中發現了商機。根據市場和人們的個性化需求，海爾迅速推出了最受北方地區歡迎的產品——防沙塵暴 I 代商用空調。這種採用多層 HAF 過濾網技術、獨特的除塵功能、健康負離子集塵技術的「防沙塵暴 I 代」商用空調，可以清除房間內因沙塵暴帶來的灰塵、土腥味及各種細菌微粒。

這種新產品一推出便熱銷市場，僅兩週時間，在北京、天津、西安、銀川、太原、濟南等十幾個城市就售出了三千七百多套，部分城市甚至供不應求。僅憑「防沙塵暴 I 代商用空調」，海爾商用空調三月的銷量便達到了去年同期的百分之一百四十七點八。 遵循這一理念，海爾電冰箱為北京市場提供了最高技術水準、昂貴的高檔新品;為上海家庭生產了瘦長型、占地面積小、外觀漂亮的「小小王子」；為廣西消費者開發了能單列裝水果的保鮮盒「果蔬王」，海爾電腦為證券商專門開發了適合資訊化建設的「佳龍」系列電腦。

從消費者不斷變化的個性化需求中，海爾創造出一塊又一塊可以獨自享用的新「蛋糕」，創造了新的市場空間，為企業帶來了競爭優勢。

可見，要在市場競爭中取勝，企業和經營者就不要被市場上的熱門商品迷惑雙眼，而應傾聽消費者的聲音，從流行現象中發現潛在機會，在更高層上拓展生存空間。

# 讓產品抓住消費者心理

任何一家企業在把新產品推向市場時，都滿懷希望能帶來豐厚的回報，而有時一個好的創意或一個好的賣點，往往能成為企業付諸全部的理由。然而，好的產品概念就一定能有好的市場回報嗎？

我們為什麼要創新？

一位業內人士說過：「創新的目的是為了更好地滿足需求，不為創新而創新。」產品和技術部天天都嘗試創新，但新技術、新功能、新概念只是工具或手段，產品設計更關注「為什麼創新」。

有些人以為橫空出世的事物才是創新、推倒重來的事物才是創新，這都不準確。產品設計千萬不能忽略一點，那就是產品能否抓住消費者的心理。

## 一、感覺是消費者認識產品的起點

感覺是消費者認識產品的起點，也是我們常說的第一印象。在購買活動中，消費者對產品的第一印象十分重要。對於產品的認識和評價，消費者首先相信的是自己的感覺。

在心理學理論中，根據人的感覺反映事物屬性的特點，把感覺分為外部感覺和內部感覺。即外在事物經由視覺、聽覺、嗅覺、味覺和觸覺對人產生刺激，以及隨之產生的諸如心跳、慌亂等內部感覺。

因此，企業在設計新產品時，應該考慮到產品對消費者的感覺，並應特別關注以下三個方面：

### 1．產品對消費者的第一印象

第一印象直接影響消費者的購物態度和行為，往往決定消費者是否購買某種產品。

正因為如此，對企業來說，要有「先入為主」的意識和行為，在色彩、大小、形狀、質地、價格、包裝等方面精心策劃新產品，第一次推出就要牢牢抓住消費者的眼光和感受。

有經驗的企業在設計、宣傳自己的產品時，總是千方百計地突出其與眾不同的特點，增強產品吸引力，刺激消費者感受，加深消費者對產品的第一印象，使消費者產生「一見鍾情」的感覺。

### 2．產品刺激信號的強弱

消費者認識產品的心理活動從感覺開始，不同的消費者對刺激物的感受性不一樣，所產生的感覺也不同。有的人感覺器官靈敏，感受性高，有的人則承受能力強。

產品都會發出一定的刺激信號，如果信號過弱，不足以引起消費者感覺，就無法引起消費者注意，達不到誘發其購買欲望的目的；但若信號過強，則會引起消費者不適，效果適得其反。因此，企業在設計產品時，需要控制產品信號的強弱，強度要使消費者能產生舒適感，只有適度的刺激，才會達到預期的效果。

### 3·引導消費者的情緒狀態

消費者的情緒和情感常常是影響行為的主要因素，而感覺又引發消費者的情緒與情感。客觀環境給消費者施加不同的刺激，會引起他們不同的情緒感受。

例如：產品的形態、外部設計等都應使消費者產生良好的感覺，引導消費者進入良好的情緒狀態，激發消費者的購買欲望。

## 二、產品設計要能引發消費者興趣

在心理學中，把人的興趣看成是一個人積極探索某種事物，或愛好某種活動的心理傾向，屬於人的個性心理傾向。它使人對某種活動特別關注，或對某種事物優先選擇和注意，是推動日常心理活動的力量。

而對消費者來說，如果對某一類產品產生興趣，則會對其表現出的穩定的、持續時間較長的關注趨向。

舉一個簡單的例子：家長在兒童節為兒童購買新衣服、添置新文具和玩具，成為一種家庭消費習慣。所以每當兒童節臨近時，父母、孩子會對各式各樣有關孩子吃的、穿的、用的消費財感興趣。

除此之外，人們對產品的興趣，主要來自實用性、新穎、美觀、名氣、攀比、個人嗜好六個方面。

### 1・追求產品的實用價值

以追求產品實際使用價值為主要目的，能夠引起消費者興趣的是「實用」與「實惠」。

具有求實購買動機的消費者，通常經濟收入不高、消費需要從長計議的人群，年齡層次上以中老年人居多，他們比較保守，注重傳統，不愛幻想，不易受產品外觀影響。

所以為了吸引他們的興趣，企業就得在產品的品質上多下功夫。

### 2・追求時髦與新穎

以追求產品的時髦與新穎為主要目的的消費者，能夠引起他們興趣的是「前衛」和「時尚」。

顯然，這類消費者以青年較為多見。他們富於幻想、渴望變化、蔑視傳統、喜歡新潮，易受產品外觀影響，通常是各類時尚產品的主要消費者。

企業應該注重產品的功能和規格，以吸引年輕人的喜愛。像 MP3 這類產品，應該設計得更加小巧，更加時尚，功能更多，才會受到年輕人的喜愛。

### 3・追求產品的美觀

以「美觀」和「裝飾」為興趣的消費者，大多屬於文化層次較高的人士。他們注重產品的造型美、色彩美和裝飾美，重視產品對人體的美化作用、對環境的裝飾作用以及對人們精神生活的陶冶作用，他們通常也是高級化妝品、首飾、工藝品以及家庭陳設用品的主要消費人群。

為了引起他們興趣，企業應該從產品造型著手，設計精美的圖案，使產品不單實用，還能充當飾品。

### 4．追求身分與地位

購買產品顯示自己的地位和身分為主要目的的消費者，大都是為了「炫耀」。這類消費者在具有一定政治地位和社會地位的人群中較為多見。他們特別注重產品的象徵意義，喜歡購買名貴產品和高於一般消費水準的產品，以顯示其生活之富裕、地位之特殊，或表現其能力之超群，獲得心理上的滿足感。

顯然，擁有華麗富貴外表的產品更能夠吸引他們的興趣。

### 5．追求攀比的心理

以攀比為主要目的的消費者，其購買某種產品不是出於實際的需要，而是為了與他人比較，因而表現出「優越感」和「同調性」的消費心理現象。

他們透過購買炫耀性產品，以滿足好勝心理。這種購買行為往往具有偶然性的特點和濃厚的感情色彩。

為了吸引他們興趣，企業應該在市場同類產品的基礎上，增加產品功能，提高外部形象。

### 6．個人愛好為主的購買

純粹為滿足個人特殊嗜好為目的的消費者，興趣往往與某種專業特長、專門知識和生活情趣相關，因而其購買行為比較理智，指向性也比較明確，但對於喜歡的產品，會不顧一切想要得到。而能夠引起他們興趣的，就是產品本身。

說了這麼多，企業要想在競爭激烈的市場中開闢出一片天地，就必須從心理學的角度了解，有哪些因素刺激了消費者的購買興趣，這些可以確保企業的新產品或改良的產品，具備更合理的優勢，從而提高銷售。

## 品類至上的產品領先之道

當我們問：「美國的總統是誰？」大家會異口同聲地說：「歐巴馬。」

當我們問：「美國的國防部長是誰？」這時你會發現，知道的人並不多。

由此可見，第一永遠比第二更容易獲得關注，對於產品而言也是如此，品類優勢永遠是弱化競爭最便捷的手段。當你的產品成為某一品類的代名詞時，意味著你的產品已經走出競爭桎梏，成為消費者的首要選擇。

在任何產品競爭中，誰能率先開創一個新品類，誰就能率先占據品類優勢，不僅能獲得最大的收益，同時在消費者的購買清單上也能占據第一。

雅客 V9 為什麼能夠成功？因為它打造了「維生素糖果」這個新品類；脈動為什麼成功？因為它打造了運動飲料這個新品類；華龍集團為什麼能強手把持泡麵市場？因為它開創「彈

麵」這個新品類；喜之郎為什麼能成功？因為它創造了「果凍布丁」這個新品類......

隨著消費需求的多級樣化發展，消費者求新獵奇、標新立異的需求將會越來越強烈，新品類策略將是未來幾年裡中國企業策略選擇的重點。

## 一、品類創新，幫助企業改變競爭態勢

沒有競爭，才是最好的競爭。讓企業的產品成為產業的領先者，最有效、最具生產力、最快捷的方法，是建立一個新的品類，並使企業的產品和品牌在全新的品類裡，長久保持第一的競爭優勢。

尤其在產品高度競爭的今天，無論你置身哪個產業，都會面臨眾多的競爭者。在產品同質化、競爭手段同質化的市場競爭趨勢下，與其費盡心思創造比競爭對手更好的產品，不如將注意力集中在創建新品類上；與其在產品競爭的戰術層面和競爭對手廝殺，不如在產品競爭的策略層面努力開闢市場。

創造一個新品類，獨享全新市場的巨大蛋糕，遠勝過和眾多競爭對手鬥得頭破血流、分食越來越小的蛋糕。創造新品類不僅是實現市場差異化競爭、實現產品不競爭策略的有效途徑，更是以最小的代價、最短的時間超越競爭的策略選擇。紅牛、露露、冰紅茶、旺旺雪餅、寧夏紅、王老吉、統一鮮橙多、納愛斯超能皂等，這些新品類為企業找到了許多不競爭藍

海市場的同時，也為企業創造一個又一個銷售奇蹟。

新品類簡而言之，就是在原有的產品類別中，或在它的旁邊，開闢一個新領域，然後命名這個領域，把自己的產品作為這個新品類的第一個產品經營，並在市場中獲得利益獨占。

新品類競爭是產品競爭的重要策略之一，它可以說明產品創造產業的領先優勢，並憑藉先入為主的品類占位，使這一領先優勢更好地發揮持續動力。

成功創建「中華立領」品類的柒牌男裝，就是依靠新品類策略，在服裝行業迅速崛起。在「中華立領」概念提出之前，柒牌男裝僅僅做了二十多年，在杉杉、雅戈爾、七匹狼、勁霸等強手林立的男裝品牌中也排不上名次。為了改變企業在競爭中的弱勢地位，柒牌男裝決定從市場的個性化需求出發，避開高低優劣的直接較量，透過差異化的市場定位，推出一款結合中西方元素，與西服不同、與夾克不同、與中山裝不同，又能在重要場合穿的服裝新品類——「中華立領」。

「中華立領」以中國元素詮釋西服，透過「男人就應該對自己狠一點」的產品訴求，將男性消費者渴望力量、理解與鼓勵的內心需求，和柒牌男裝有連結，使柒牌男裝成為時尚中華的代名詞，在服裝界乃至消費者中刮起時尚飇風。

憑藉著「中華立領」這一新品類的建立，成立三十年的柒牌，也從一個默默無聞的企業，成長為一個屢獲殊榮的產業領袖。在強手如林的男裝市場，柒牌真正實現了「三十而立」。

可見，創建一個成功的品類，往往可以幫助企業走出發展的桎梏，實現飛躍式發展。特別是諸如柒牌男裝這類，難以在原有的品類中躍升為品類領導者的企業，創建一個新品類，是提升產品競爭力的最有效手段。只要成為某個品類的開創者，並保持第一，那麼在這個品類裡企業需要做的，不再是花費巨大的競爭成本超越競爭對手，而是如何防禦跟隨者。

因此，正確看待新品類策略，對企業的產品擴張有著極其重要的策略性意義。

## 二、品類創新，說明產品築起市場的「防火牆」

新品類的競爭優勢，很大程度上是來自消費者心目中的先占優勢。任何新品類的創建者很容易在消費者心目中建占一席之地，消費者會直覺性認為，這個產品是這個品類中最優秀的，更願意相信它才是最正宗、最可信賴。

因此，當任何跟隨者企圖侵犯領地時，就必須要先突破產品在消費者心目中已經建立的品類優勢，這將對產品形成一種天然的屏障，使競爭者必須付出更多的時間和成本才有機會參與競爭。

在市場競爭中，品類的領導者總是擁有市場的主導性份額，獲得最豐厚的利潤，具有最多的話語權。例如喜之郎，憑藉著「果凍布丁」的品類占位，使喜之郎成為了中國果凍食品的代名詞。面對果凍市場的巨大利潤，眾多的競爭者企圖突破喜之郎的品牌防線。例如：金娃一直想依託品牌概念突破喜之郎的防線；徐福記想藉產品的創新來吸引消費者的眼球。但儘管金娃、徐福記等一直在尋找市場突起之路，始終無法動搖喜之郎在消費者心目中的位置，只能賺到果凍市場極少的邊緣利潤。可見，新品類的領導性地位的建立，能夠使消費者產生一種強烈的認知傾向，使品類的創建者擁有比跟進者更多的品牌優勢。

品類創造者雖然在消費者心目中比後進者擁有更多的信任，並不表示品類的創建者可以從此高枕無憂。那麼多市場的先行者之所以被跟隨者所取代，就是因為缺乏對暫時性市場地位的理性判斷，盲目地滿足現有市場的優勢地位，忽略了市場的動態性，而沒有在技術、產品升級等方面做好充足儲備，最終被競爭者後來居上。

因此，企業必須時刻關注消費需求的變化，對產品不斷進行改良。就像 Apple 公司一樣，即使透過 iPad 獲得了暫時性的領先地位，仍持續對老產品進行改良升級，以及開發新產品。

要知道，新品類在消費者心目中的先發優勢，可以為產品創造一個很好的抵制競爭基礎，但絕不是實現全方位競爭的唯一方法，企業仍必須抓緊時間，提升產品在新市場的全面競爭力。

# 抓住成為品類領先者的機會

在這個不做唯一，就做第一的時代，企業產品競爭的祕訣之一，成為品類的領先者。

任何一個產品類別裡，「第一」的產品通常會在消費者心目中打下最深的烙印，在消費者的心理領域建立起強大的認知優勢。

「第一」意味著比「第二」、「第三」獲得更多的市場空間，贏得長期的市場占位優勢。例如：可樂類碳酸飲料的代名詞是可口可樂；速食的代名詞是麥當勞；中國國產電腦的代名詞是聯想；中國國產家電的代名詞是海爾；果凍的代名詞是喜之郎；火腿腸的代名詞是雙匯。這些品類的領先者，無不是其所在行業的最大利潤獲得者。

因此，市場競爭的根本，就是消費者心理資源的競爭。

## 一、率先把產品做到消費者心裡

在消費者心中建立品類第一的關鍵，不是讓產品率先進入市場的中心，而是進入消費者的心中

搶占心理要先於搶占市場。中國第一個生產果凍的並不是喜之郎；第一個生產泡麵的並不是康師傅；第一個生產洗衣機的並不是海爾；第一個推廣保健功能產品的並不是腦白金；第一個進入IT產業的不是阿里巴巴;第一個生產堅果的不是洽洽。

但它們都成了品類的領導者，成功的祕訣是利用差異化的

產品價值，把產品做到消費者心裡，讓產品代表品類，所以康師傅就能代表泡麵，喜之郎就等於果凍，洽洽就是堅果。

因此，提煉差異化的產品價值，是產品成功的關鍵。具備差異化價值的產品，能夠比同類產品更好地滿足消費者心理需求，更容易獲得消費者的認同。如高露潔的「口腔護理專家」、腦白金的「送禮」、初元的「專為病人定制」、左岸咖啡館的「孤獨優雅的人文」等。

塑造產品差異化價值的根本，必須建立在關注消費者的需求上，而不僅僅是產品的自說自話，產品差異化價值提煉的目的，是讓消費者記住它的與眾不同、獨樹一幟。

例如：在巧克力領域，德芙巧克力注重消費者的體驗感受，一句「絲般感受，意猶未盡」的產品價值訴求，使其成為巧克力品質的象徵；在果凍領域，喜之郎立足「親情」的傳播，突出男孩女孩一起練習芭蕾和柔道，浪漫永恆的喜之郎情侶，幸福溫馨的喜之郎家庭，將一個兒童吃的果凍布丁，變化為CICI、水晶之戀等讓年輕人喜歡的時尚品類。

## 二、成為消費者心中品類的代名詞

當企業的產品透過差異化的產品價值成功進入消費者心理後，最重要的就是將這一產品特色認知，轉化為對品類的特色認知，使企業的產品成為品類的代名詞，將產品的獨特價值凝縮為一個具體的關鍵字，可以借助消費者的聯想定勢，在品類序列中占據第一的位置。

以洗髮精為例，當消費者有去頭皮屑需求時，會馬上聯想到海倫仙度絲；當消費者需要保養髮質時，馬上會聯想到潘婷；當消費者有掉髮困擾時，會馬上聯想到霸王；當消費者需要秀髮的美麗外型時，會馬上聯想到索芙特。

這就是聯想定勢的作用，對於海倫仙度絲，「去頭皮屑」就是聯想的關鍵字，是去頭皮屑洗髮精品類的代名詞；對於潘婷，保養就是聯想的關鍵字，是修護洗髮精品類的代名詞；防止掉髮之於霸王、美麗之於索芙特也是如此。

那麼，產品如何在消費者心目中建立固定的聯想定勢，成為品類的代名詞？移花接木和催眠戰術，是顛覆品類序列的有效手段。

移花接木策略，就是在產品差異化價值的傳播過程，強化產品或品牌名稱，淡化該類別產品的品類名稱，最終使產品或品牌名稱成為品類的代名詞。

例如：在企業宣傳中，「古越龍山」的名稱被反覆強調，而黃酒作為品類名稱卻很少直接提及，只作一般性宣傳。這樣很多消費者會潛移默化地在心裡產生一種錯覺：「古越龍山就是國粹黃酒，國粹黃酒就是古越龍山。」

另一個以產品名稱成功替代品類名稱的酒類產品，是海能鮑參酒。其實該酒屬於海洋生物酒的範疇，但很多海洋生物酒的宣傳力度不大，消費者在心目中對這一品類沒有很明確的認知，而海能鮑參酒一上市就大力強調其珍貴的品質、高端的形象，使很多消費者誤以為海能鮑參酒是第一個海洋生物酒產品，結果海能鮑參酒成了海洋生物酒品類的代名詞。

而利用催眠戰術實現品類占位的例子也很多，其中最成功的例子就是腦白金。催眠戰術是一種將產品差異化價值，高頻率、持續性傳播，實現品類順序的一種置換手段。腦白金透過大規模和年復一年的傳播「收禮只收腦白金」，把禮品這一品類嫁接到「腦白金」這一品牌上，成功成為禮品品類的代名詞。還有最近比較紅的初元，也是集中優勢資源，透過頻繁的廣告轟炸，將「看病人，送初元」這一產品訴求反覆傳播，實現品類占位。

在消費引導市場的買方經濟時代，企業僅僅掌握生產、市場已無法確保獲得消費者，競爭已進入到直接爭奪消費者心理的階段。心理時代的競爭，必然要求企業必須抓住機會成為品類的領先者，如果產品是品類的第一，就可以創造更多的市場利潤。

## 價格決定產品賣給誰

在市場行銷活動中，我們經常可以看到這樣一種現象：同種產品，若標不同價格，消費者會有完全不同的反應。

根據以往的市場運作規律，產品定價越高，消費者的需求越少；相反，低價格的產品則會引起需求的增加。

但事實上，消費者的購買行為並未表現出這一關係，有時還會出現相反的情況。顯然在此過程中，另一種力量有關鍵的作用，就是消費者的心理因素。

那麼讓我們來分析一下，產品的價格對消費者能夠產生哪些心理作用，這些作用又是如何表現：

## 一、產品價格對消費者心理的影響

對於不同的產品價格，消費者會有不同的心理反應，這也是影響消費者購買行為的重要因素之一。這種心理反應與消費者的產品知識和個性特徵密切相關，對購買活動有著重要的影響，關係到買賣雙方的切身利益。

從現代行銷心理學角度分析，產品的價格具有以下三個功能。

### 1・衡量產品價值和品質

產品價格是消費者衡量產品價值和品質的直接標準。我們都知道，產品的價格是價值的貨幣表現，價格以價值為中心上下波動。

然而現實情況是，普通消費者一般對產品的品質、性能知之甚少，在這種情況下，消費者會把產品價格當作衡量產品價值高低和品質優劣的尺度，認為價格高的產品價值高，品質好，相反則會使消費者對產品品質、性能有所懷疑。

所以在這種心態驅使下，即便剛剛投放市場的新產品價格比較昂貴，購買者也大有人在，而一些即期品及清倉的產品卻無人問津。

人們常說「一分價錢一分貨」、「便宜沒好貨，好貨不便宜」，正是用產品價格來衡量價值的生動寫照。

### 2．比擬自我的功能

產品的價格不僅可以作為衡量產品價值的尺規，還有反映自身社經地位高低的社會象徵意義。

有些人會把某些高檔產品與一定的社會地位、經濟收入、文化修養等聯繫在一起，認為購買高價格的產品可以顯示自己優越的社會地位、豐厚的經濟收入和高雅的文化修養，可以博得別人的尊敬，並以此為滿足；相反，若購買價格便宜的產品，則感到與自己的身分地位不符。

也就是說，他們購買產品的目的，不只是為了獲得產品的使用價值，也是為了滿足其自身的某種社會心理需求。他們會讓價格成為反映經濟實力、社會地位、教育程度、生活情趣和藝術修養的工具，獲得心理上的滿足。

### 3．調節消費需求

一般情況下，如果沒有其他因素影響，價格的主要功能便是對消費者需求量的影響。一般來說，價格上升會引起需求量下降，抑制消費；價格下降會增加需求量，刺激消費。

然而在現實生活中，常常表現出價格對消費需求的同步調節作用，當某種產品價格上漲時，本應抑制消費需求，卻出現了消費者爭相購買的情況；而當產品價格下降時，消費者反倒冷靜地觀望。

造成這種「買漲不買落」情況的原因，是消費者的生活經驗、經濟條件、知覺程度、心理特徵等不同程度的差異，他們對價格的認識及心理反應千差萬別。

由此可見，價格調節消費需求並不像傳統經濟學理論所認為的那樣單純，它還會受到消費者心理因素的制約。

## 二、不同消費者的價格心理

心理學家認為，人類的任何心理活動都是客觀現實在頭腦中的反映；行銷心理學也認為，消費者的任何心理活動都是客觀現實在消費者頭腦中的反映。針對消費者心理現象的分析，有利於企業準確把握消費者的價格心理，制定出與之相應的行銷策略。

通常，消費者對產品價格高低產生的心理感受異常複雜，常見的有以下五種：

### 1・從眾心理

對多數消費者而言，他們對產品價格的認知一般具有從眾心態，不知不覺中根據大多數人對價格的認知改變自己的判斷，並在購買行為上與群體中的多數一致，目的是尋求個人與社會對價格的認同感和安全感，以免在價格方面上當受騙。

消費者的這種從眾心理在購買新產品、不熟悉產品以及在產品價格調整時，表現得尤為突出，因為這時消費者失去了以往判斷價格的心理依據，自然而然地傾向於社會公眾對該產品的價格認同。

### 2．慣性心理

曾經購買過同類產品的消費者，會逐漸形成對某一類產品的慣性心理，這表現在消費者對新產品的價格認知上，會受以往消費習慣和長期購買經驗的影響。

受慣性心理影響最大，就是廣大的日用品消費者，由於他們經常購買和使用某一類產品，久而久之便會形成對這些產品價格較為穩定的認識，一旦接觸到同類型的新產品，就會很自然地聯想到以往的價格。

也就是說，消費者對某些產品經常、重複地購買，會使其價格在消費者心理上「定格」，並形成慣性心理。

對於這種類型的消費者來說，他們所能接受的產品價格應該與他們的慣性心理相符合，如果企業對產品制定的價格高於他們的慣性心理，反而會引起消費者的反感，從而放棄購買。

### 3．實惠心理

大多數消費者都會希望自己買到的產品既實用，價格又便宜，這就是典型的實惠心理。

具有實惠心理的消費者往往是即期品、特價品、折價品、低檔品、殘次產品、廢舊產品、冷落產品的主顧，他們對產品價格特別敏感，而對產品品質則不太苛求；或者在購買產品時，重視產品的使用價值，講究經濟實惠，而不注重產品的外觀和款式，希望少花錢買到稱心如意的產品。

對具有實用實惠心理的消費者來說，那些明顯比同類產品價格低廉的新產品最能受到他們關注。而一旦他們認為這種產品物美價廉，能從購買中得到實惠，便會大量購買乃至連續購買。

## 4・物有所值心理

當然，並不是所有消費者都喜歡廉價產品。尤其是在理性消費的時代，消費者在認知產品價格時，通常是根據自己在市場上成百上千次的主觀感受，把產品價格看作是衡量產品價值和品質的尺度，在心理上認為價格高的產品，價值就高、品質就好，正所謂「好貨不便宜，便宜無好貨」或「一分價錢一分貨」。

消費者的這種物有所值心理會在市場上產生「季芬財」，即有些產品價格越昂貴越好賣，價格越低廉、削價幅度越大反而越賣不動。

面對市場上琳琅滿目的產品，消費者很難辨識其內在價值，往往以價格的高低判斷產品價值，那麼將新產品的價格適當抬高，反而會收到奇效。

## 5・炫耀心理

「只買貴的，不買對的」這是消費者炫耀心理的真實寫照。

這一類消費者在對產品價格的認知上，往往把產品價格與個人的偏好、情趣、個性、追求、社會地位、文化修養、情感願望、經濟收入等聯繫在一起，透過產品價格滿足自己的心理需求，產生炫耀心理。

具有炫耀心理的消費者，特別注重產品的象徵意義，往往為了顯示自己的社會地位或水準，不惜購買名貴產品。如有的消費者為了顯示自己的社會地位、經濟實力和生活情趣，不惜一擲千金，熱衷於追求高檔、名牌的產品，希望透過產品價格顯示自己的高貴身分，或將自己比擬為有社會地位的高收入者。

總而言之，在現代市場的經濟條件下，價格是影響消費者心理與行為最具刺激性和敏感性的因素。深入研究價格對消費者的心理影響，是企業正確制定價格策略的前提。

## 產品價格調整的成與敗

產品價格並非一成不變，它受到企業內外多方因素的影響，因此價格的變動也就在所難免。

然而，面對諸如材料成本的變化、市場供求情況的變化以及流行趨向變化等因素，企業如何進行適當的價格調整？這不僅要考慮影響產品價格的外部因素，也要考慮作為產品的接受方——消費者的心理反應。

這裡列舉一個有趣的心理學例子：一家大型超市將一台原本售價兩千五百元的冰箱，臨時上漲了十元，銷量沒有受到什麼影響，消費者也並沒有任何反應。但超市將一塊四點五元的肥皂上漲了零點二元，很快便引起消費者的關注。

十元與零點二元，整整五十倍的差距，卻造成了不同的效果，中間是什麼在發揮作用？這就是心理學在行銷中的價值所在。

## 一、價格調整與消費者心理博弈

我們曾在前面提到過感受性這個概念，是指人對刺激強度及其變化的感覺能力；同樣的，企業對產品價格的調整，最先刺激的也是消費者感受。下面就來觀察，消費者在面對價格調整時，會產生什麼樣的心理反應。

### 1．低價不一定好賣

大多數企業認為，降低產品的價格有利於消費者，可以讓消費者花更少的錢買到同樣的產品，從而激發消費者的購買欲望，促使其大量購買。

然而實際情況並非如此，常常是產品的價格降低了，購買的人反而更少。這主要是由於面對價格的降低，消費者常表現出以下的心理反應：

（1）從便宜——便宜貨——品質不好等一系列聯想，引起了消費者心裡的不安。可見「便宜沒好貨」的觀念已經深入現代人心裡，成為消費者判斷產品品質優劣的重要尺規。

（2）從便宜——便宜貨——沒有自尊心和滿足感的聯想。

消費者在購買產品時，除了獲得產品的使用價值外，更重要的是伴隨著產品價格給消費者帶來的一種滿足感，如「名貴的西裝能使我在宴會上顯得非常有身分」等。高昂的價格已經被消費者與自己的社會經濟地位聯繫在一起。

（3）消費者會認為可能新產品即將問世，所以商家才會降價拋售老產品。

（4）消費者會認為降價產品可能是過期品、殘品或低檔品。

（5）消費者會認為產品既然已經開始降價了，可能還會繼續降價，於是選擇待購，以期買到更便宜的產品。

### 2．高價不一定難賣

企業往往會認為，價格提高對消費者費者不利，會減少消費者的需求，抑制其購買欲望。

但在現實生活中，消費者往往會做出與之相反的各種反應：

（1）這種產品很暢銷，現在不買很快就會售完。

（2）產品漲價是由於其具有特殊的使用價值和優越的性能。

（3）產品已經漲價了，可能還會繼續上漲，將來購買更貴。

（4）產品漲價，說明它是熱門產品，應盡早購買。

此外，消費者對企業調整價格的原因、目的有著不同的理解，於是做出的心理反應也不盡相同。如消費者認為價格的上漲是由原材料價格上漲所致，他們會對這種調整表示理解；反之，若把價格的上漲歸結於企業欲提高產品利潤，則會有較強烈的牴觸反應。

一般來說，消費者很難把握企業調整價格的真實原因，而企業也摸不清消費者對新價格的反應，價格決策不免產生偏差，甚至效果完全相反。

## 二、緊抓消費者心理的價格調整策略

價格調整主要包括兩種情況：一種是降低價格，另一種是提高價格。但無論價格如何變動，勢必會影響到消費者切身利益，同時也決定了企業是從中受益，還是受其所累。

### 1・產品降價的心理策略

造成產品降價的原因有諸多方面，如產品換代造成的過時產品；產品保管不善造成品質下降；面對強而有力的價格競爭，導致市占率不斷下修；新技術、新工藝的出現使成本下降等，這些都可能導致企業將產品降價出售。

鑒於消費者並不會因為產品降價被刺激購買欲望，如何才能達到降價促銷的效果？這取決於產品是否具備了降價的條件，以及企業能否及時、準確把握降價的時機和幅度等。

（1）產品降價應具備的條件

要達到降價促銷的目的，產品本身應該具備與消費者心理相適應的特性。具體說有以下幾個方面：消費者對產品的品質和性能十分熟悉，如某些日用品和食品降價後，消費者仍對產品保有足夠的信任；能夠向消費者充分說明產品價格降低的理由，並使他們接受；品牌信譽度高，使消費者放心。

（2）降價時機的選擇

對於降價來說，時機非常重要，若把握得當，能大大刺激消費者的購買欲望；反之，則會無人問津。

一般來說，降價時機的選擇要視產品及企業的具體情況而定，例如：對於流行產品，在競爭者進入模仿後期時應採取降價措施；對於季節性產品，應當在換季時降價；對於一般產品，進入成熟期後期就應降價；如果企業是市場追隨者，可以當市場領導者率先降價後，採取跟進降價策略；重大節日可以進行降價促銷，如元旦、勞動節、春節、國慶等；其他一些特殊原因的降價，如企業周年慶祝、返利等。

但應當注意的是：產品的降價不應過於頻繁，否則會造成消費者對降價不切實際的期待，或對產品正常價格產生不信任感等負面效應。

（3）降價幅度的選擇

降價幅度應當適宜，才能達到吸引消費者購買的目的。若降價幅度過小，根本無從激發消費者的購買欲望；若幅度過大，不僅企業可能會面臨損失，消費者也可能會對產品品質產生懷疑。

經驗表明：降價幅度在百分之十以下時，幾乎收不到促銷效果；降價幅度在百分之十到百分三十會產生明顯的促銷效果；但降價幅度若超過百分之五十以上時，除非有合理降價理由，否則消費者的疑慮會顯著加強。

（4）產品降價技巧

將降價實惠集中，讓消費者更明確地感受到企業在銷售產品，透過少數幾種產品的大幅降價，比對多種產品進行小幅度促銷的效果更好。這主要是因為降價幅度越大，消費者才能明顯地感覺到差別。

採用暗降策略：這種策略又稱為變相降價，有時直接降價會招致同行的不滿與攻擊，甚至會引發同行間的價格戰，這對於中小企業來說無異於一場滅頂之災。因此，企業可以採用間接方式避免這些不利因素，如實行優惠券制度、予以實物饋贈、更換包裝等。

**2．產品漲價的心理策略**

一般來說，產品價格提高會對消費者利益造成損害，可能會引起消費者消極的心理反應，影響到產品的銷售；但企業在實際經營活動中，常面臨著不得不漲價的情況。

例如，由於通貨膨脹、物價上漲、企業原材料供應價格上漲等，導致產品成本的提高；產品供不應求，現有生產水準無法滿足消費者需求；資源稀缺或勞動力成本上升導致產品的成本提高，以及經營環節的增多等。

和產品降價一樣，在對產品漲價時，也需要把握時機、注意幅度，才不至於因為漲價而失去了某個客群。

（1）具備漲價條件的產品

這主要與產品目標消費者的特點有關：消費者的品牌忠誠度很高，就不會因漲價輕易改變購買習慣；消費者相信產品具有特殊的使用價值或更優越的性能，其他產品不能替代；消費者有求新、求奇、追求名望、好勝攀比的心理，願意為自己喜歡的產品付出更多的錢；消費者可以理解產品漲價的原因，能夠容忍價格上漲帶來生活支出的增加。

（2）控制好漲價的幅度

相比產品的降價，消費者對於產品漲價更為敏感，因此漲價的幅度不宜過大，可以採取循序漸進的小幅度漲價方式。

有國外心理學家研究得出，一般產品的漲價以百分之五為限，認為這樣比較符合消費者的心理承受能力；而在中國，這一領域尚無定論，某些產品漲幅即使達到百分之五十以上，仍能達到一定的促銷效果。

（3）使用適當的漲價技巧

通常，漲價有兩種方式，即直接漲價和間接漲價。

直接漲價就是在原有價格的基礎上提高產品的標價；而間接漲價則是指產品的市面標價不變，但企業對產品本身進行一些改動，如更換產品型號、規格、花色和包裝等，來達到實際漲價的效果。

（4）做好解釋和售後服務工作

無論產品的漲價出於何種原因，消費者的利益勢必會受到一定程度的損害，難免產生牴觸心理。

為了最大程度地消除這種心理，企業應當透過各種管道向消費者說明漲價的原因，並在銷售過程中為消費者提供更周到的額外服務，以期得到他們的理解。

大量實踐表明，單純的行銷技巧和價格策略對產品銷量的影響十分有限，即使能夠產生效益，也僅是一種巧合，這對企業的持續發展十分不利。只有將心理學知識運用到行銷中，了解價格對消費者心理的影響，才能使企業擺脫盲目發展，有的放矢。

## 產品要有自己的價值和內涵

對於消費者來說，什麼樣的產品才是好產品？同樣是用來穿的衣服，鋪棉大衣和比基尼相比，哪個才是好產品？

顯然，決定鋪棉大衣和比基尼哪個才是好產品的，既不是品牌，也不是價格，而是需求。在冬季嚴寒的北方，鋪棉大衣對於消費者來說就是好產品；而對於一個身處夏日海灘，想要展示自己傲人身材的消費者來說，比基尼才是最好的產品。

直到現在，沒有一件產品既能滿足比基尼的功能，又能像鋪棉大衣一樣保暖，就目前來說，比基尼和鋪棉大衣依然屬於不同的需求，有不同的市場。

## 一、價值觀對消費者需求的影響

我們經常說的價值觀，是指人們對社會中各種事物的態度和看法，即人們在社會裡崇尚什麼，這與人們對產品的選擇有直接關係，也影響到市場行銷活動。

例如，中國出口東南亞的黃楊木刻，一直因材料考究、精雕細刻，尤其是採用傳統的福、祿、壽三星或古裝仕女的造型，受到東南亞地區消費者的普遍喜愛。

然而同樣的東西，出口到歐美一些國家時，卻很少有人問津。顯然因為東西方文化的差異性，人們的審美觀不同，導致消費的阻礙。

後來，中國公司改變傳統做法，採用一般技術做簡單的藝術雕刻，塗上歐美人喜愛的色彩，並加上適合於復活節、耶誕節、狂歡節等的裝飾品，很快打開了歐美市場。

可見，生活在不同社會環境中的人，價值觀相差甚大。

但無法迴避的是：消費者對產品的需求和購買行為深受價值觀影響。價值觀是為社會多數成員信奉的信念，並透過一定的社會規範影響人們行為，告訴人們什麼可接受，什麼不可接受。

在市場中，價值觀主要體現在消費者對時間、新事物、財富的態度上，以及如何看待風險。

### 1．對時間的態度

對時間的態度直接影響到產品的受歡迎程度。

比如說，美國人有三句諺語：「時間就是金錢」、「時間就是生命」、「今天的事不要拖到明天」。這些反映了美國人對時間的珍惜，所以在美國節省時間的產品很受歡迎，如一些速食、即溶食品等，而在英國等國家卻被認為這是一種「懶惰行為」。

### 2・對新事物的態度

對新事物的態度也很容易影響人們的消費行為。美國人和香港人一般很好奇，樂於接受新產品。所以在這些地區能以新取勝；而保守的德國人、法國人則不輕易相信廣告，購買行為慎重。

### 3・對財富的態度

對財富的態度不同，人們的消費行為也大不一樣。注重節儉的消費者，在購買過程中體現出求廉、求實動機。如有些人通常把產品是否堅固耐用，認為是評價產品品質好壞的標準，另一些人則喜歡標新立異，與眾不同。

### 4・對風險的態度

對風險的態度主要包括三個方面：一是經濟風險，產品品質不好會使消費者蒙受經濟損失；二是安全風險，尤其是化妝品、食品之類；三是聲譽風險，如低價產品有失身分等。

## 二、滿足消費者獨特的心理需求

在如今這個物質充裕的時代，消費者除追求基本需求的滿足，更多追求精神上的滿足，而具有滿足消費者精神需求的產品構成因素，就是產品的心理功能。

然而不同消費者，心理需求也不盡相同，好比茶館和酒吧，同樣是供人們休閒的地方，卻有明顯的差異性。

為了使新產品能夠適應某一類消費者的購買心理，企業應當了解消費者對新產品獨特的心理需求。包括以下幾個方面：

### 1．象徵意義

消費者的購買行為受到個性特徵的制約。新產品如果不具備獨特性，就不能滿足不同個性消費者的需要，新產品的個性是透過其象徵意義，發揮作用。

由於各種社會因素，消費者的某些心理欲求，透過想像、比擬、聯想等心理作用，與產品的某些意義產生了人為聯繫，而賦予該產品某種象徵性。

這些象徵性有時代象徵性、地位象徵性、性格象徵性、年齡象徵性、性別象徵性、職業象徵性等。

### 2．風尚潮流

風尚潮流是一種社會消費現象，是指一定時期內，受社會歡迎的類別。

消費者對風尚潮流的訴求，反映了人們渴望變化、趨同從眾、順應時代、完善自我等多種心理需求。

產品的風尚潮流有其運行規律，一般會經過宣導－傳播－流行－減弱－消失幾個階段，但不同產品運行週期也不同，如耐用消費財風尚潮流的週期較長，日用小產品的流行週期較短。

在如今的市場上，產品具有很強的豐富性和選擇性，因此企業應不斷推出新產品，以滿足消費者求新、求變的心理需求。

**3・審美情趣**

消費者對新產品的購買，與產品是否能引起人的審美感受有關。主要由產品的線條、色彩、形態、聲音等因素構成，它們訴諸消費者的感官，影響其思想感情，給予人們實用和精神上的滿足。雖然審美情趣因人而異，但一個時代、一個階層、同一個消費者群體仍有共同的審美標準。

**4・個性創造**

消費者在購買產品的同時，還希望透過消費產品發揮自己的創造潛力，豐富生活情趣。

比如一個初學攝影的消費者，會對購買自動相機欲望強烈；而當他的攝影技巧提高後，會轉而渴望能夠根據自己需求調節曝光、焦距的傳統相機。

因此，當消費水準發展到一定階段，人的創造欲望就會顯現。產品如能適應這種需要，就會吸引消費者，增強市場競爭能力。

總之，企業能否在產品設計、製造和推銷過程中，充分考慮到新產品的基本功能及心理功能，是滿足消費者的關鍵，也是企業在市場上成敗的關鍵。

# 一夜成名和「臭名遠揚」都很簡單——廣告行銷心理學

# 順著「心智階梯」往高處爬

二〇〇八年奧運是所有人的焦點，在前三季中，中國所有廣告的投入是兩千六百零四億人民幣。在如此巨大的廣告投入下，作為奧運贊助商的企業，認知度都有不同程度的提升。

這些企業之所以在廣告上投入大量財力，只是為宣傳自己的品牌和產品嗎？我想並不是這麼簡單。

中國的市場行銷正邁向嶄新的定位，廣告不再是單純地叫賣產品，而需要以新的方式，協助企業建立品牌的定位。

對此，美國行銷大師傑克・特魯特和艾・里斯率先提出「心智階梯」的概念。

## 一、什麼是心智階梯

我們都知道，在未來激烈的市場競爭中，如果企業能夠尋找到一個空白點生產產品、樹立品牌，就能快速發展。

而現實情況是，在市場的快速發展下，那些空白點正迅速減少。很多企業都深有體會，當你想到某個創意、想做某個產品時，總是驚訝地發現，已經很多人走在你的前面，而當你去生產那些同質化的產品時，在市場上就會很難突圍。可能在一個小小的縣城市場，都會有競爭者出現，很快就會被淹沒。

那新的機會與切入點在哪裡？

對此，「心智階梯」的概念便應運而生。

所謂「心智階梯」，即消費者在購買某類別或某一特性的產品時，總有一個優先的品牌序列，而一般情況下，消費者總是優先選購階梯上層的品牌。

就拿可樂來說，有可口可樂、百事可樂、非常可樂等，當你想要購買可樂時，哪一品牌的可樂最先出現在腦海，你就很有可能先去選購這個品牌的可樂。

因此關於心智階梯的理解，可以理解為消費者腦海中的「品牌排名」。

在消費者購買產品前，還要先在頭腦中瞬間搜尋產品相關內容，搜尋後排在第一位的產品，也就是消費者最終會選擇的產品。

因為人的時間精力有限，占據消費者心智階梯高位的產品，會排擠對其他產品的注意；當然，消費者對於產品和品牌的看法不斷變化，心智階梯的排名也會經常變動。

心智階梯是一種非常複雜的心理體系，也許每個人都有一套獨特的演算法，而我們要做的，就是分析其中的共性，搶占消費者心智階梯的高位。

如果一個品牌占據了目標使用者心智階梯的高端位置，這個企業就具有非常強的品牌競爭力，因為在目標使用者的意識中，這個企業產品就是他們的優先選擇。

在目標使用者的心智階梯獲得高位，比任何宣傳都重要，無論哪一家企業，如果有幸發現了一個沒有競爭對手的心智階梯高位，就趕快準備搶占這一制高點。

## 二、搶占消費者「心智階梯」

如今，企業在廣告的投入費用上越來越大，我們不應該簡單地把廣告看成企業宣傳品牌、產品的工具，而應該利用廣告這個武器搶占消費者的「心智階梯」。

所以新時代的廣告，就是要使品牌在某個心智階梯上占據優勢位置，再予以鞏固。

在實際操作中，企業首先要為品牌在消費者的心智中，尋找到一個富有價值、前景盡可能好的位置，然後借用單純、直接的概念推廣，使品牌在消費者的心智階梯中占據上層，被有相關需求的人們優先選購。

作為推廣品牌最重要的武器，廣告要做的是玩好「階梯遊戲」，協助品牌進駐消費者心智階梯中的優勢位置。具體而言，廣告有以下三種不同類型的操作：

### 1．搶先占位

當企業發現消費者的心智中，有一個富有價值的位置無人占據，就可以利用廣告協助品牌全力爭取。

例如：步步高無線電話在一九九七年大舉推廣之前，人們心智中的「無線電話」階梯並無明顯品牌占據，步步高廣告就大肆宣揚「步步高無線電話，方便千萬家」，令品牌能夠搶占「無線電話」階梯的首要位置。

同樣，一九九二年高露潔牙膏進入中國市場時，中國牙膏品牌的宣傳都集中在潔白牙齒、清新口氣、抗菌消炎等方面，於是高露潔廣告的推廣，率先打出了「防止蛀牙」的旗號，直至成為了牙膏的第一品牌。

## 2．借勢發揮

當企業發現某個階梯上的首要位置已被別人占據，可以利用廣告，努力讓品牌與階梯中的強勢品牌或產品連結，使消費者選擇強勢產品的同時，緊接著聯想到自己，作為第二選擇。

美國行銷史上經典的廣告案例之一，是七喜汽水躍升為飲料業三甲的廣告運動。七喜原本是賣得相當普通的一種飲料，直到它發現了人們在購買飲料時的首選是可樂，才考慮其他飲料。

於是就發起了「七喜——非可樂」的廣告運動。這樣人們在購買飲料時可樂仍然是首選，但總有人不想買可樂，七喜就成了他們的選擇。這場廣告運動，使七喜一躍成為繼可口可樂、百事可樂之後的第三大飲料品牌。

## 3．弱點攻擊

如果企業發現，某心智階梯上的強勢品牌或產品有重大弱點，就可以借助廣告攻擊排擠對手，取而代之。

今天，在世界的很多藥品市場，泰諾是頭痛藥的第一品牌，而它的成功來自於攻擊廣告。在泰諾之前，拜耳阿司匹林是頭痛藥的第一品牌，但後者可能會引發使用者的胃腸微量出血。泰諾就對此發起針對性廣告，宣傳「為了千千萬萬不宜使用阿司匹林的人們，請大家選用泰諾」；最終，拜耳阿司匹林一蹶不振，其位置自然由泰諾取代。

## 不要等，需求是創造出來的

在過去，為了增加效率及利潤，企業總是把目光聚焦於供應鏈。但這種模式需要一個必要的前提，即產品的需求固定。

而對於現在的市場來說，除非是壟斷行業，幾乎所有的企業都在為尋找需求發愁。

現今大部分市場處於供過於求和高度競爭的狀況，結果只能降價，企業的利潤不斷降低，卻不能解決根本問題。

顯然如今的市場上，需求不固定，而一個企業的存續依靠的是營收，而營收依靠的是不斷創造需求。

所以說，創造需求是企業成功的關鍵，我們存在於需求經濟環境中，企業必須靠收入成長，效率已經不夠支撐企業營運。單純地削減成本只能成長你的盈餘到一定程度，要超越，你只能創造需求。

那麼，企業要用什麼來發掘消費者內心的需求？

### 一、企業與消費者的廣告心理戰

由於社會不斷進步和人們消費水準不斷提高，再加上市場經濟環境中，消費需求的多樣性與層次性，使得消費者的需求充滿了不確定因素，有時候甚至連消費者也不知道自己的需求是什麼。

面對這樣的市場，完全可以透過企業自身的努力擴大和創造。

相信人人都應該看過趙本山的幽默小品《賣拐》，趙本山與高秀敏扮演的夫妻透過一步步誘導，把范偉扮演的那位健康的人變成了他們拐杖的消費者，最後這位消費者還像遇到救星一樣，撐著他用腳踏車換來的拐杖，心懷感激地走了。

對於這個具有一定誇張意義的小品，如果剔除其中的詐騙成分，從市場行銷的角度來看，其實這是一個典型的需求創造案例。

在小品中，讓正常人對拐杖產生需求的主因是什麼？就是平時所說的「唬爛」，換句話說就是宣傳。

可見，宣傳是企業創造需求的主要手段，而廣告就是最重要的武器。

日本有一家生產巧克力的公司，曾經利用日本年輕人追求西方生活的心理，透過宣傳，培養年輕人過「情人節」。

在臨近情人節的前幾日，這間公司宣布：在情人節期間購買巧克力有半價優惠。為此還開發了精美的巧克力，並在日本各大電視台的黃金時段投放廣告。

這家公司最終達到了目的，日本形成了過情人節並贈送巧克力的風尚，該公司也成了日本最大的巧克力公司。

在中國的市場上也有這樣的例子：

以前，男性護膚用品一直處於一種尷尬的地位，中國男人似乎不太注意自己的皮膚問題，以至於男性護膚用品的市場十分冷淡。

中國的男人就不愛美嗎？顯然不是。在巴黎萊雅的男性護膚用品登陸中國後，經過大量的市場調查後發現：中國男性與外國男性使用護膚品的心態完全不一樣。外國男人的使用動機，是希望讓自己更有吸引力；中國男性卻認為那是娘娘腔的做法。

為了改變中國男人的心態，增加男性護膚品的市場需求，巴黎萊雅選擇了當時最具男性自信魅力的偶像吳彥祖代言，大力宣傳自己的男性護膚用品。

結果活動上市不到一年，巴黎萊雅的產品已經位居中國男性護膚品的領導地位。

如果沒有消費者需求，再好的產品也沒有市場。美國管理大師杜拉克有一句名言：「好的公司滿足需求，偉大的公司創造市場。」

## 二、創造需求的心理策略

有需求才有市場，這幾乎是所有行銷人的共識；但在某個特定的市場階段，許多產品的市場需求並非與生俱來，舉一個比較粗淺的例子：老農民不會購買電腦這類高科技設備。

難道我們可以說，電腦對農民沒有用嗎？當然不能。單拿農業發展來說，也有農民用電腦進行農作物管理、配比農藥、聯繫市場並獲益。

那是什麼制約了農民購買電腦？顯然，是消費者的知識水準及消費水準。如果每一個農民都懂得利用電腦管理農田、銷售農產品，那麼這些農民都會有不錯的收入。

然而首要的問題是：誰來開發這個市場，誰能將產品的知識普及給消費者？

在一個新的產品概念形成後，許多企業都選擇坐等市場需求的成熟；但在這個過程中，許多對手已經走到了更前面，只留下瓜分後的市場剩餘，喪失市場的領先機會。

而有些企業雖然敢於衝向市場，卻缺乏宣傳的手段，只是將錢砸下去，卻為別人做了嫁衣。

相信以上這些，是許多講究技術、產品創新的企業不得不直面的殘酷現實。這個現實也逼迫他們必須學會主動出擊，創造市場需求，只有這樣才可能贏得生存和壯大的機會。

下面來看一看，企業在創造需求的過程中，需要注意哪幾點：

### 1·不能背離現實需求

在宣傳新產品時，不能與現實的需求層次背離太遠。也就是說在一定的創新空間中，與目標消費者靠得越近，越能贏得利潤與市場地位。

### 2・不能違背宗教信仰、文化習俗

文化與生活息息相關，更與人們的消費習慣有很深的聯繫。中國文化有深厚的人文主義精神，以「仁」、「務實」、「忍耐」為基本價值，並透過「內省」、「克己」表現，構成中國人內傾的性格。

對於中國消費者來說，廣告更注重理性訴求，注重產品本身的價值和方便實用。

某國外速食企業，曾在中國的地方電視台投放廣告，因其中含有消費者向商家下跪「求折扣」的鏡頭，引起許多市民的質疑甚至反感。

顯然，下跪在外國人眼裡只是誇張、幽默的表現；然而在中國人心中，則會被看成有侮辱的意味。這樣的廣告與中國的文化價值觀相牴觸，自然會遭引起人們的強烈不滿。

### 3・要符合目標消費者的價值取捨

價值取向是一個社會群體價值觀的體現，企業的廣告如果符合人們的價值取捨，便會得到人們認同。

就拿汽車廣告來說：西方的汽車廣告多是個人開車的場景，如賓士的「與神賽跑」、BMW 的解救人質廣告，無不展現出一種個人英雄主義。

而在中國的汽車廣告中，常常出現三口之家其樂融融的場景，成功男士香車嬌妻得意人生的盡情寫意，或者甜蜜戀人駕車的浪漫之旅，再或者商務人士的精英談判場面，以及三五好友共駕山林等場景，多數展現群體生活。

由於社會、語言和哲學背景不同，中國人較重視群體觀念，家庭觀念強；而西方國家家庭觀念淡化，強調自由生活及個人冒險超越。東方文化一向被認為較傳統，中國人互相依賴、合作，「關係」至關重要，集體主義傾向對消費行為有極大影響。

### 4・注意與消費知識對接，巧力培育市場

「不要在課堂上發出這種聲音」，這是農夫山泉的第一支廣告。儘管在創意及製作的精妙程度上有所不足，但就其從「農夫」變水市「屠夫」的歷程來說，卻功不可沒。

農夫山泉首推更利清潔的擠壓型瓶嘴，成就農夫山泉成為當時瓶裝水市場的創新產品。怎樣才能在強手林立、競爭激烈的水市里大展「農夫」抱負？農夫山泉首先想到的是創新的瓶嘴，給消費者「原來飲水還有這種樂趣」、「原來水還可以這麼喝」的認識，最後擴大和占有市場。

如果當初農夫山泉也局限在對水源、工藝的普通訴求，也許今日的「農夫」就不存在了。

亨利・福特曾說：「新上市的產品不會有等待已久的購買者。只有對某產品的購買欲存在，該產品的市場才會存在。」這句話道出了企業創造需求的真諦。

# 好媒體就像切蛋糕的刀

企業創造需求離不開廣告和宣傳，而說到廣告和宣傳，就不得不提到傳播廣告的媒體。

媒體是廣告資訊的運載工具，只有媒體順利到達目標對象，才能為企業創造需求。

然而，如果目標對象不能接觸到廣告資訊，則會出現「傳而不通」的情況，這就是廣告媒體策劃的最大失誤。

那麼，要選擇什麼樣的媒體最好？

這必須考慮許多相關因素，但第一步，要先從消費者的角度對不同媒體的特點進行分析。

## 一、不同媒體的特點

其實在傳達資訊的時候，對於各種媒體的選擇，企業都有一定的經驗。也就是說，大家都能夠有一個共識，即不同媒體具有不同的作用。那麼這裡就有一個疑問：企業如何判斷哪種媒體適合產品行銷？如果已選擇了合適的媒體，以後是否還需要更換？

對於這些問題，要先從不同媒體的特點上來看。

比如說電視媒體，電視是視聽合一的傳播，人們能夠親眼見到、親耳聽到各種事物，這就是視聽合一傳播的結果，而這種直觀性，任何媒體都不能比擬。

因此，電視媒體對新產品的廣告尤為適合。當我們設計出一個新產品，消費者可以透過電視螢幕看到產品的大小、形狀和色彩等，更容易從感性方面接受；同時，電視也方便消費者看到產品包裝和品牌形象，甚至可以透過電視廣告演繹品牌理念。

但同樣的產品以報紙媒體傳達的話，效果完全不一樣。報紙媒體和電視媒體的不同之處在於，前者可以仔細認真地閱讀，而後者的廣告一下就結束了。

可以說，報紙是最早進行廣告宣傳的傳播媒體。報紙發行量大、傳播面廣、滲透力強。並且讀者對報紙刊登的資訊通常有很強的信賴感，尤其是一些重要的報紙，在人們心中有很高的威望，在上面刊登廣告極具權威。

一般情況下，電視和報紙這兩種媒體面對的受眾範圍較廣，沒有針對性；而如果企業希望廣告只被一個區域、或某部分的人群看到，可以用戶外廣告和雜誌廣告的形式。

戶外廣告，是企業專門為特定區域的人群所設置，因此在設計上要突出特點，並帶有強烈的訴求，以吸引人們注意。

雜誌廣告則是針對某一類人群，如時裝雜誌、音樂雜誌、汽車雜誌等，是針對時裝、音樂和汽車的愛好者。

說到廣告的傳播媒體，近年來最受關注的，莫過於在中國迅速發展的網際網路。

隨著網際網路技術的飛速發展，網路廣告異軍突起，網路廣告的傳播具有範圍廣泛、受眾數量龐大、靈活即時，以及強烈的交互性與感官性等特點，成為二十一世紀最有希望、活力的新興廣告媒體。在過去幾年裡，網路廣告快速增長，但至今仍不能取代其他傳播媒體。

所以說，電視媒體有它的缺點，報紙媒體也有它的優點，不同的媒體各有優劣，因此必須根據不同媒體的特點，傳達不同的資訊。

如果要推廣一些理性產品，像一些保健品、藥品，一般會選擇報紙這樣的紙質媒體，因為產品需要文字的詳細解讀，如果選擇電視媒體，廣告結束後，產品的印象很快就會消失。

所以企業在選擇廣告媒體時，必須清楚想要達到的效果，再根據媒體的特點選擇，才能事半功倍。

## 二、針對消費者的媒體選擇

前面已經了解，媒體能產生的效果不同，這是由媒體的特點所決定；而企業在廣告策略中，利用媒體的時間和方式都不一樣。

對此，企業需要考慮以下幾個方面：

### 1．廣告傳播對象的特點

通常情況下，廣告傳播對象應該是企業目標市場的潛在消費者。這些潛在消費者的年齡、性別、職業、興趣、文化程度等不盡相同，對媒體也有不同的接觸習慣。

任何一種媒體，一旦適應了某些消費者的特點，就能擁有這些消費者作為較穩定的視聽群體。而企業對傳播對象的情況了解得越透徹，就越容易找出相應的最佳媒體，進行針對性的廣告訴求。

以上海市三大報紙——《新民晚報》、《文匯報》和《解放日報》為例，它們的傳播對象就各有特點。《新民晚報》的讀者範圍最廣，涉及各個階層、各種職業和各個年齡層;《文匯報》的讀者多為教育界人士、知識分子；黨政機關工作人員則對《解放日報》關心較多。

**2・廣告產品特徵**

針對消費者而言，不同性質的產品具有不同的使用價值、使用範圍和宣傳要求。廣告媒體只有適應產品的性質，才能取得較好的效果。

因此，產品的特徵不同，媒體適用性也不同。廣告所宣傳產品獨特的使用價值、品質、價格以及附加服務措施等，都要求相應的媒體配合。

例如：化妝品廣告需要展示化妝效果，選用的是具有強烈色彩性的宣傳媒體。雜誌、電視可以達到色彩要求，報紙則略遜一籌；高科技、新技術產品或生產要素性工業品，如精密儀器、機械設備等，需要詳細的文字介紹說明產品的優良性能和專門用途，故選擇專業性雜誌的效果十分不錯。

**3・媒體的自身特性**

企業若能有效借助媒體，可以把消費者因素、產品因素和市場因素三者有機地結合，向特定消費者訴求。這就需要企業從以下幾個方面衡量媒體自身的特性：

（1）媒體的基本性能，如適應性、時效性、空間性等性能，對廣告效果有直接影響。通常，雜誌的彩色印刷效果高於報紙，報紙和電波媒體的時效性又強於雜誌，同一份報紙中頭版廣告的空間又優於其他版面。

（2）媒體的威望，是指媒體在社會中的地位、聲譽和影響，左右廣告的影響力和可信度。例如，在《人民日報》刊出的廣告會因該報的聲譽、威望及全中國最大的發行量，得到廣泛傳播。

（3）媒體的吸引力，是指媒體能否有效吸引受眾關注，是廣告效果的前提。

（4）媒體的接觸度和頻率，對於電視廣播類媒體來說，是指覆蓋面和收視率；而對印刷媒體而言，有發行量、閱讀率、涵蓋率等。例如：購買兒童用品的主要消費者是婦女兒童，其涵蓋率高的報紙可能是《中國婦女》或《中國少年》等。

總之，關於媒體選擇的問題，除了要考慮產品的階段、需要達成什麼樣的目的，更要了解媒體的特點以及消費者的心理，才能更好地發揮媒體。

# 今天，就讓我們出名

一個企業製造出獨具一格的產品，在經濟部申請了專利，而後肯定希望有一套充滿創意的廣告，能讓消費者認識品牌和產品，並迅速售出；然而如何獲得創意廣告，卻是眾多企業的心病。

有些廣告總是讓人有似曾相識的感覺：一位清純靚麗的女孩子，揚起飄逸亮澤的秀髮，回眸一笑，這是洗髮精廣告；水滴滑過白嫩彈性的肌膚，這是沐浴乳廣告；開頭大吼一聲，讓人一驚，這是潤喉糖廣告……

只要將廣告中的品牌一換，一個新廣告就出爐了。像這種具有極強「適應性」的廣告，不用創意且省錢，但效果如何？這種誰都可以用的廣告，究竟要告訴消費者什麼？

如今，廣告作為一種重要的促銷手段被廣泛運用。要使廣告發揮最大效用、使產品出名，就必須做好廣告策劃。

## 一、準確定位消費者心理

廣告定位，是廣告形象確立在消費者心理與市場位置的過程。以清晰明確的方式，在消費者心中形成強而有力、穩定的形象。

可見，廣告定位是廣告策劃的基礎，任何創意都不能脫離此。所以，企業需要研究消費者的類型以及特定消費者的心理要求，再根據不同的市場地位，尋求獨特的廣告定位。

### 1．卓越超群，捨我其誰

這種方法常為市場領先者採用。這類廠商的原有產品已在市場占據難以動搖的地位，在消費者心中有無可挑剔的美好印象。透過廣告，要保持消費者心目中的領先地位。

例如，可口可樂公司以「只有可口可樂，才是真正可樂」暗示消費者，可口可樂是衡量其他可樂的標準，使它在消費者心目中占據了「真正的可樂」這樣一個獨特心理位置。

### 2．攀龍附鳳，增強號召力

這種方法常為市場追隨者採用，在尚未被人熟悉、未引起人們足夠重視時，一般採用類比的手法。

## 二、把握消費者情感

情感是影響消費者行為的主要因素之一，因此在廣告的策劃中，透過影響人的知覺與情感，進而影響觀念、生活方式，以及宣傳企業、產品特點誘導人們，最終使消費者產生購買的欲望。

### 1．消費者對廣告的情感反應

消費者對廣告的情感反應有兩種類型：一是積極的反應，如愉悅、熱心、主動、激昂等；二是消極的反應，如氣憤、懊喪、焦慮、壓抑、害怕等。而情感的影響有以下幾個方面：

（1）影響認知。一個親切感人的廣告，可以使人對其產生好感的同時，願意重複接受，進一步了解相關內容，加深印象，從而獲得較多認知。「味道好極了！」雀巢咖啡的廣告用語，就很好地激發人們的購買欲望。

（2）影響態度。由廣告引起的情感，會產生對該廣告的態度，並且和其產品聯繫，影響到對該品牌的選擇。

例如，澳柯瑪廣告詞「沒有最好，只有更好」，含有自豪、鞭策、奮發向上、永不停步的深刻內涵，增加人們的好感。

（3）美感。美感是廣告常用的情感訴求因素。愛美之心，人皆有之，時常也是人們獲得尊重的重要因素。

例如，博士倫眼鏡的廣告詞：「美國博士倫軟式隱形眼鏡美化你的眼睛，讓你擺脫框架的遮擋，還你美麗的眼睛和俊俏的面容。」以美感進行情感訴求，非常容易為人們接受。

（4）成就感。成就感關乎自我實現，也就是需求的最高層次。廣告常用象徵的手法暗示人們，某成功男士、某白領麗人使用這一產品，那麼其他使用這一產品的人也會像那些人一樣成功。

## 2．影響消費者情感的心理策略

如今，大量的創意產品及商業活動，使我們轉向一個新的生活方式。

Apple 公司的 iPad，試圖為人們帶來「隨身音樂庫」的音樂行走生活；《阿凡達》彰顯著 3D 技術的革新；房地產商和美術館聯合，發起「新解構生活」的全新地產銷售方式……

人的欲望固然由需求引起，但在許多場合，消費者的需求並沒有明確地表現出來，而是處於一種模糊的籠統狀態。

而廣告要達到的基本目標，就是喚醒消費者對自身潛在需求的認知，尤以情感的訴求最為敏感，受到人們的重視。

（1）緊抓住消費者的情感需求。情感訴求要從消費者的心理需求出發，才能產生巨大的感染力。

例如「孔府家酒，叫人想家」的廣告，牢牢抓住了「家」字，請遠渡重洋的影星王姬拍攝了一段親人久別重逢的欣喜場面，一股思家、盼望返鄉的情感就深深感染了遊子。

（2）增加產品的心理附加價值。通常，企業提供的產品或服務，本不具備心理附加價值，但適當的廣告宣傳，就能給產品賦予這種附加價值，甚至使該產品成為某種象徵，使購買產品的消費者可以獲得物質和精神上的雙重滿足，這對於有條件購買該產品的消費者會產生極大的吸引力。

如「派克鋼筆」是身分的象徵，「金利來」代表的是成功男人的形象，「萬寶路」則是獨立自由、粗獷豪放的男子漢的象徵。

（3）利用情感的轉移。愛屋及烏是一種司空見慣的心理現象，代表了一種情感轉移。許多廠商不惜重金聘請深受消費者喜愛的明星代言，目的就是使消費者對明星的積極情感轉移到廣告中的產品上。

（4）利用暗示，宣導流行。消費者的購買動機多種多樣，有時購買者不一定是使用者，許多產品是饋贈親友。透過饋贈表達情感，如果某產品正好符合這種願望，他們就會主動購買，而較少考慮產品的品質、功效等具體屬性。當廠商透過廣告傳播，把購買這種產品變為一種時尚或風氣後，消費者就會被這種時尚所吸引，而去購買這種產品。

例如，「腦白金」的「今年過節不收禮，收禮只收腦白金」的廣告語在高頻率播放後，幾乎婦孺皆知。

## 三、廣告設計策略

做好上面幾步，就可以開始廣告設計。一般影響廣告效果的因素有廣告語言、廣告風格、形象代言人和廣告專題。下面就從這幾個方面逐一探討：

### 1．專業化的廣告語

一個廣告最重要的部分是什麼？那就是廣告語。在一個廣告中，可以沒有人物、沒有背景，甚至沒有畫面，但一定要有廣告語。

在設計廣告語時，一定要與產品的特點緊密聯繫，內容盡量簡練生動，讓消費者容易記憶。

有些廣告語會被人們用來開玩笑，或形成大眾口語，這樣廣告語就成功了。像腦白金的核心廣告語「送禮就送腦白金」、碧生源的「快給你的腸子洗洗澡吧」、匯仁的「女人的問題女人辦」、海王的「三十歲的人六十歲的心臟，六十歲的人三十歲的心臟」等。

這樣的廣告語，雖然只有短短一句話，卻能直接體現產品的功效和消費人群。所以企業在製作核心廣告語時，應將產品的功能和特點牢牢把握，準確地告訴目標消費人群，邁出銷售的第一步。

### 2・獨特的廣告風格

業界流傳著這樣一句話：「想要廣，上電視；想要快，上平面。」

前面提到過，像報紙、雜誌等這類平面廣告可以把產品所有功效、消費人群等一系列資訊準確轉達給消費者。

而在平面廣告中，最廣泛的就屬軟文廣告了。

如腦白金入市之初，首先被投放市場的是新聞性軟文，如「人類可以長生不老嗎？」、「兩顆生物原子彈」等；緊接著是系列科普性軟文，如「一天不大便等於抽三包煙」、「人體內有個鐘」、「夏天貪睡的張學良」、「太空人如何睡覺」、「人不睡覺只能活五天」、「女子四十，是花還是豆腐渣？」等。

這些文章主要從睡眠不足和腸道不好兩方面闡述，指導人們如何克服這種危害，將腦白金的功效巧妙地融入軟文中。每一篇似乎都在談科普，沒有廣告，讀者讀來輕鬆。這種投入只短短兩個月，就獲得了意想不到的效果。

然而，平面軟文廣告也有竅門，比如說降糖類的產品，有些企業天天寫恐嚇性軟文就很難達到效果。糖尿病的患者本身就是半個醫生，糖尿病有什麼併發症，他可能比寫軟文的人還了解，所以在編寫這類軟文時，最好以科普型為主。

此外，減肥類產品因為大部分都是女性消費者，最好用八卦式軟文；兒童類的產品就可以用恐嚇型軟文，因為現在的社會裡，小孩是掌上明珠，得了個小感冒就可以把家長急得像熱鍋上的螞蟻。

### 3・形象適合的代言人

產品在傳播過程中需要什麼樣的形象代言人？顯然，不是所有明星都適合做某些產品和品牌的代言，也不是所有產品都需要請明星代言。

有實力的企業可以請名人代言，產品可以藉名人效應被推廣，這端看明星的知名度和形象。比如近年來企業特別喜愛用運動明星作代言人，出現最多的屬劉翔和姚明，他們也為企業帶來了不少聲望。

當然，普通的動物甚至卡通人物，也可以做產品的「代言人」。如一個鼻炎產品，就想過用大象做「代言人」，為什麼用大象？因為大象的鼻子很長，而且大象的鼻子很少會出問題，很快就能聯繫上產品；且大象是所有消費人群都了解的動物，消費人群更易於接受產品。

### 4・生動的專題廣告

很多企業在推廣產品時，喜歡用專題廣告的形式。這樣的廣告通常時間很長，從三、五分鐘到二十分鐘不等。

通常，專題片的開頭需配合產品的作用，如治療掉髮的產品最好突出一些比較尷尬的場景，再依序拍攝產品的概念、功效、背景。

很多企業喜歡請一些專家和名人現身講述，這時要注意與觀眾或者消費者互動。撰寫腳本時，最好用一些簡單明瞭、能較好配合產品核心訴求的廣告語。

總而言之，我們目前處在一個資訊爆炸的時代，消費者每天面對資訊彙集的海洋，接受及感知能力卻是有限。如果一家企業或一種產品的廣告不能標新立異，又如何能刺激消費者疲憊的神經？

## 廣告拚的是創意

一個好的廣告，可以讓默默無名的企業和產品一舉成名，讓產品的潛在消費者不知不覺間被「誘使」做出購買決策；一個好的廣告，是一項報酬率極高的投資，能夠改變企業的銷售局面，帶來無比巨大的財富。

可以說，一個好的廣告，能夠幫助企業走向恆久的卓越。

然而，並非所有的廣告都能取得理想的效果。有一些廣告雖然被人們看到，卻讓人困惑，不知所云；甚至一些廣告會讓人心生反感，這樣的廣告又如何給企業帶來效益？

顯然，好廣告帶來效益，而失敗的廣告只是讓企業的投資付諸東流，甚至取得相反效果。

那什麼樣的廣告才是好廣告？

這個問題還真不好回答，每個人心中都有一個衡量好廣告的標準，但從那些已成功的廣告來看，無一例外具有一個特點，就是創意。

## 一、追求創意不是追求藝術

一般認為：有創意的廣告就是好廣告。可什麼是「廣告創意」呢？有一些廣告，在形式上刻意求新，做出的廣告也確實很新穎、有吸引力，可那就是好廣告了嗎？

顯然，企業製作廣告的目的，是為了推銷產品和品牌，絕非為了推銷廣告本身。廣告有吸引力固然好，但如果廣告只吸引人，對產品的推薦作用卻不明顯，對受眾不能產生預期的影響力，又怎能稱得上好廣告？

常有人說：廣告是一門藝術。但在我看來，廣告只不過是一項投資，我們可以說它是一門科學，但不能說是藝術。

什麼是藝術？藝術是高雅的事物，能陶冶情操，但藝術不是生產力，其本身具有獨立性，不是為其他事物而存在。

而廣告則不同，廣告是一個相對「低俗」的東西，它為宣傳別的事物而存在，因此廣告一般都帶有強烈的動機性和暗示性，目的是吸引並且說服最大數量的人，購買某種產品或接受某種觀念。

所以，我們在創作或者評價一個廣告作品時，永遠不要忘記廣告作品的根本使命，廣告作品要能吸引人，更要能說服人。

## 二、廣告創意心理策略

廣告創意，是指在廣告定位的基礎上，在一定的廣告主題範圍內，對廣告整體構思。

廣告創意構成廣告表現的基本概念，是廣告製作的依據，也是廣告的靈魂。廣告創意的好壞直接影響一個廣告是否成功，在廣告創意的基礎框架內，運用藝術性的手法，具體製作，形象的創造則可以透過以下途徑獲得：

### 1・創造性綜合

創造性綜合，是將不同形象的相關部分組合成一個完整的新形象，這個新形象具有自己獨特的結構，體現了廣告的主題。而不同形象的組合是經過精心策劃、有序結合，而不是簡單湊合、機械搭配。

### 2・跳躍性合成

跳躍性合成是把不同物體中的部分形象，以設計者跳躍性的思維合成，構成一個全新的形象；或把兩件不相關的物品融合在一個畫面，使人們產生視覺失衡的衝擊感。

例如，Motorola 十款新型手機的廣告中，在畫面主體人像面部約三分之一的位置上，嵌入該手機的正面圖像，手機螢幕恰好位於人像的另一隻眼睛，造成強烈的視覺衝擊。

### 3・渲染性突出

渲染性突出，是為了使人們對廣告推薦的產品加深印象，利用各種手段進行渲染，以突出某種性質，在此基礎上塑造新形象，或對原有形象的局部進行誇張性處理。

### 4・想像性空白

在某些廣告畫面的構思中，常使用畫面上留白的手法。這一空白雖非形象塑造，卻能給人依據畫面的其他部分展開想像空間，感受空白處沒有直接表現的內容。

## 三、影響消費者心理的創意策略

了解了這麼多創意，那麼如何將這些創意運用到廣告中，吸引消費者注意，影響其心理及行為？

### 1・形式創意

在廣告設計中，色彩、插圖、廣告歌都可能與情感體驗聯繫。因此合理地使用這些元素，即能誘發特定的情感。

（1）色彩。色彩是具有情感意義的重要元素，由於習俗與文化的影響，許多色彩都具有一定的象徵，能產生某種情感體驗。青箭口香糖以綠色包裹薄荷口味，稱為「清新的箭」；以黃色包裹鮮果口味，稱為「友誼的箭」；以白色包裹蘭花口味，稱為「健康的箭」。色彩表達心情，並與口味結合，給人和諧一致的感覺。青箭口香糖富有象徵性的色彩包裝，使其在口香糖市場暢銷不衰，消費族群也由青少年擴大到中年人。

（2）插圖。插圖是廣告設計中最形象化的元素，廣告插圖包括繪畫和照片，能對人們感官直接刺激。例如：有一幅紹興花雕酒的印刷廣告，設計者把紹興古城、咸亨酒店和陳年美酒融合，使觀看者猶身臨其境，產生相應的情感體驗，促進消費。

（3）文字。廣告中的文字包括標題、廣告詞和文案。標題、廣告詞言簡意賅，能起到畫龍點睛的作用；文案可以有一定的篇幅，充分發揮富有感染力的表述。

（4）廣告歌。在視聽媒體中，廣告歌能以富有感染力的旋律，深深打動聽眾，發揮其他廣告元素難以迄及的作用。廣告歌既可以表現廣告主題，又可作為背景音樂加強效果。一首〈愛的就是你〉廣告歌，使某牌礦泉水暢銷大江南北。

### 2・生活創意

想想看，創意和異想天開之間有多遠的距離？創意和平民百姓有多大的關係？

創意並不在於有多玄妙，有時源自生活的創意，反而會給人親切感。創意原本來自於生活，生活中一些細節也能夠成為企業創意的泉源。

例如 IKEA 的櫥櫃廣告，以小倆口吵架為開頭，爭吵中推拉門窗、抽屜時，巨大的聲響往往火上澆油；但 IKEA 的櫥櫃有減緩衝擊的功能，小倆口不管用多大力量推抽屜，都不會有聲響，理性的氣氛回歸，倆人又和好如初。

創意源自感動，感動源自生活。生活中的每一個細節都能夠體現出創意，當消費者看到與生活息息相關的細節，披上創意外套的風采時，得到的感動會更多，更容易認同廣告的理念。

可以說，源自生活的創意，就是將創意與生活巧妙地融合在一起。

### 3．流行創意

潮流影響到生活的方方面面，尤其是日常的消費心理和活動。

潮流是指一定時期內廣為流行的生活方式。具體地說，是一個時期裡多數人對特定趣味、語言、思想和行為等的追隨。

同時，消費流行，是消費者在追求時興事物時的從眾需求，有人說「流行並不是自然形成，而是有意被製造出來」。可見，我們可以透過廣告宣傳，製造新奇，或引導流行方向。

例如，新天下集團有限公司，選擇超級女聲總冠軍李宇春為神舟電腦的形象代言人，就是利用了消費者對於超級女聲節目以及李宇春的關注和喜愛，將消費者的積極情感與神舟電腦聯繫，使消費者對神舟電腦也產生喜愛。

可見，在流行因素的影響下，消費者的心理也會有許多微妙的變化，而當消費者對產品或品牌產生喜愛時，會使他們更關注產品或品牌美好的一面，增加對產品的正面信念，進而增強其購買意願。

# 人靠衣裳馬靠鞍——品牌行銷心理學

# 出身好才是真的好

多數消費者都有過這樣的經歷：到超市購買某件產品，拿起一件，看了商標發現不認識，又拿了另一件，這個品牌很有名，最後決定購買知名品牌。

顯然，消費者為了心理滿足，會對自己了解的品牌消費，也許是放心，也許是追求名氣，而這就是品牌要帶給消費者的滿足。

可以說，品牌帶給消費者的是一種心理需求的情感價值，這個價值也是利益。並在大多數時候，這種利益會直接影響到消費者對產品的選擇。

## 一、品牌也有需求

企業做產品，因為市場有需求，可以用產品滿足；企業做品牌，也是為了需求，而消費者渴望購買到這樣的品牌價值。

從行銷的角度上講：產品是製造出來的，而品牌卻是塑造出來的。

我們前面曾提到馬斯洛的需求理論，歸納起來就是兩個方面：需求和欲望。買東西可能是因為需求，也可能因為欲望，這其中有很大的差別。比如說，品牌就是在產品需求被滿足後，因為欲望購買的東西。

因為需求購買，這樣的例子很多。

例如：你要去上班，就需要一件正裝；想要去郊遊，就需要一套休閒服，都是因為需求而購買。但買什麼品牌的衣服更能體現出獨特的氣質？這就是欲望。

所以說，產品可以販賣，品牌也能販賣；消費者買一個產品，獲得的是產品的功能利益，而如果消費者買的是有品牌價值的東西，就會獲得品牌價值的情感利益。

品牌如果不能給消費者帶來利益，這個品牌就不能販賣，不能販賣的東西也不用去塑造它了。

好比說：你希望用名牌顯示自己的尊貴地位和獨特品味，那就會貴上兩千塊，就這麼簡單。貴兩千塊為什麼還要買？不就是滿足欲望嗎？

其實，衣服就是衣服，不同的是每個人的心理感受。而品牌塑造出一種感覺利益，以滿足人的欲望。

在物質匱乏的年代，生產力低下，生產的東西都是為了滿足基本的溫飽，沒什麼多餘的選擇；但如今這個時代，同質性的產品非常多，但在同等利益下，每個人的個性、涵養不同，就有了選擇，而選擇就是需求利益，而當需求上升到一定階段後，就產生了欲望。

因此，企業的最終目的，就是要塑造出品牌的欲望，如此才能創造更多利益；如果產品沒有品牌利益，等於只剩下最基本的產品利益了。

想想看，購買你產品的消費者，有多少是為了品牌選擇它，又有多少只因為產品的利益？

## 二、根據消費者的心理需求塑造品牌

前面提到過，企業的產品和品牌是為了滿足兩種不同的需求，既然要塑造品牌，品牌就必須有單獨的價值。否則只要多生產產品，販賣產品的功能利益就行了。

品牌的價值滿足和產品滿足不一樣，產品滿足消費者利益的需要；而品牌更多滿足消費者的欲望。

消費者為了自己心靈的滿足，也會消費，這種滿足由品牌帶給消費者。可以說，品牌帶給消費者的是一種心靈需求的情感價值，這個價值也是利益。

對此，從心理學角度分析，企業在塑造品牌形象的同時，一定要把握以下幾個重點：

### 1‧品牌的象徵意義

品牌的象徵意義，是指消費者心中，品牌代表的特定形象、身分、品味。品牌不再只是符號，而是一種精神意義的載體。品牌象徵是產品賦予消費者表達自我的一種手段。

消費者其中一種心理需求，是社會象徵性需求，也就是人們認識、表現自我，並期待得到他人和社會肯定的需求，包括消費者的文化、生活方式、社會地位、自我形象和自我價值等方面的象徵。

### 2・品牌的情感意義

品牌的情感意義，是指在消費者心目中與品牌相關的審美性、情感文化意蘊。它巧妙地構建了一種生活格調，引導人們透過移情作用，在消費中找到自我、得到慰藉。

品牌的情感意義來源於消費者的情感需求。情感是與社會性需求和意識緊密聯繫的內心體驗，具有較強的穩定性和深刻性，對消費者的影響長久而深遠。

### 3・品牌的文化意義

從社會角度來看，產品由品質、品韻和品德三種屬性構成。品質體現了產品的使用價值；品韻體現了產品的欣賞價值；而品德體現了產品的倫理價值，這種倫理價值就是品牌的文化氛圍。一個被消費者廣泛認同的品牌，必定在為社會提供優質產品的同時，也弘揚了文化。在直接形態上表現為企業文化，如經營宗旨、企業精神、理念追求、風格風貌。

品牌文化容易使消費者產生良好的形象。品牌意象，是指品牌在消費者心中的印象，賦予消費者的一切特性和信念。消費者對某品牌一旦有了良好的意象，就會引起積極的心理效應，如產生偏好的購買傾向。

總之，品牌從根本上說也是人需要的一種利益，雖然品牌的利益和產品的利益完全不同，但可以肯定的是：要想增加產品的價值，就必須依賴品牌。

隨著科技進步和生活水準提高，人們的消費需要已經從低級的生理、安全需求，上升為尊重、求美、自我實現等高層次，消費者購買產品時，不再單純為了產品的使用價值，更是為了心理上的滿足，而這種心理需求則是透過品牌消費來實現。

## 用品牌價值贏得消費者忠誠

我們都知道，消費者購買企業的產品，是因為產品能夠帶給他實在的利益，如消費者購買礦泉水，是因為礦泉水能解渴。

正如前面所提到，消費者選擇一個品牌，那麼這個品牌一定有其價值，如給消費者帶來心靈和情感的滿足。

品牌的本身具有無形資產價值，可以隨著自身價值增值或貶值。而衡量這一價值，便是消費者的認知和忠誠，也就是我們所說的品牌忠誠。如果一個品牌獲得了消費者忠誠，那麼該品牌的產品即擁有了無形資產價值，品牌資產不僅能夠為消費者帶來收益，還能夠給企業帶來效益。

### 一、品牌忠誠的心理根源

消費者的品牌忠誠是品牌資產的基礎，也是企業不遺餘力塑造品牌的原因。

試想一下：如果消費者對品牌漠不關心，而只是依據產品的品質、價格以及通路的便利程度決定是否購買，那品牌就沒有體現出應有的價值。

同樣，如果不存在消費者對於品牌的忠誠，世界上就少了蓬勃發展的廣告業，因為廣告最終展示的僅僅是一張產品資訊清單。

相反，我們看到消費者在可供選擇的市場環境中，仍不停購買同一品牌的產品，充分體現出品牌的忠誠價值。

從心理學角度來看，當消費者的需求獲得滿足後，就會形成消費者的滿意度，使消費者為滿足此類需求再一次購買。也就是說，一旦消費者對某一品牌有了忠誠，就會對該品牌產品重複購買，而過程中品牌忠誠也在被不斷強化，這就是所有成功品牌的奧祕。

可見，消費者對品牌的忠誠，表現為重複購買該品牌的產品，並對消費該品牌感到自豪，且消費同時還會向他人推薦該品牌。

消費者在一個品牌消費越多，對該品牌的忠誠度也隨之增加，同時增加的還有消費者的使用經驗，使消費者建立起充分的品牌價值感知（消費者所感知到的利益，與在獲取產品或服務時所付出的成本權衡後，對產品或服務效用的總體評價）和豐富的品牌聯想（品牌聯想，即是消費者看到一特定品牌時，所引發對該品牌的任何想法，包括感覺、經驗、評價、品牌定位等），而這一點十分重要。

要知道，消費者對一個陌生品牌，也會有品牌價值感知及品牌聯想，但終究不會形成品牌忠誠；只有在豐富使用經驗的條件下，消費者才能形成穩定的品牌價值感知和品牌聯想，最終形成品牌忠誠。

可以看一個有趣的例子：當觀察衣服品牌的時候，女裝品牌比男裝品牌多得多，而女裝品牌的廣告支出也比男裝品牌高很多，年收入最高的模特也從來不是男模。

當然，這並非源於收入多寡，而是因為有更多女性參與買衣服這項活動，更能形成品牌忠誠。

總之，品牌忠誠是基於品牌價值和品牌聯想，只有高品牌價值和獨特的品牌聯想，才能建立起高品牌忠誠度。只有消費者預期能夠得到滿足時，才會使他們相信，為更高效益產品花費的成本是值得的。

## 二、有效建立品牌價值

現代企業建立品牌的出發點是滿足消費者需求；然而，人們的需求多種多樣，還會隨著時空背景的變化而改變。一般而言，品牌價值在於刺激消費者對品牌的認知與購買傾向。

品牌價值包含三個部分：

### 1．產品的特點、屬性和相關的實際效用

這是品牌價值最核心的部分，也是企業創立品牌的基礎。產品的特點、屬性和相關的實際效用能夠滿足消費者基本的需求，但不足以建立一個獨一無二的品牌。

### 2・情感需求

一般而言，消費者對產品的了解程度遠比不上生產產品的企業。儘管消費者對產品的了解很少，仍會用自己的角度詮釋產品，並試圖尋找產品的優點，而品牌就可以直接帶給消費者鮮明的產品形象。

品牌的功能就是界定消費者需求，因此，所有企業應該了解其產品所能滿足的消費者需求，從而建立起品牌人格。

在實際消費活動中，消費者往往不甚了解產品的全部屬性，卻總會偏好某些品牌，這種偏好就源於人們的情感需求。

### 3・獨特性

一個好的品牌必然傳遞出產品的與眾不同，就能在眾多品牌中脫穎而出。

例如：人們購買汽車時有賓士、BMW、福斯、HONDA 等多種品牌可供選擇，每種品牌的汽車代表不同的產品特性、不同的文化背景、不同的設計理念、不同的核心目標，消費者便可依產品特性選擇。

顯然，品牌的奧祕，就是借助消費者對品牌的認知，為企業及其產品增值。這些無形的心理認知，就是將消費者與品牌聯繫的感情、信念以及價值觀。

一旦消費者與品牌建立起情感聯繫，就會重複購買，體現品牌認知，這正是品牌的核心價值。而一旦消費者將心理認知與某一品牌相聯，重複購買的過程中也在不斷強化這種認知。

可見，建立品牌就是圍繞品牌的核心價值（通常是產品的個性、屬性和相關的實際效用）建立起消費者的品牌感情。

換言之，建立品牌感情，就是要企業建立起品牌個性，以符合消費者期望，得到消費者忠誠。

## 長相先別說，名字要響亮

日本SONY公司前董事長兼首席執行官出井伸之先生曾說：「我們最大的資產是四個字母SONY，它不是我們的建築物，或工程師，或工廠，而是我們的名稱。」

如今，越來越多企業認識到：企業能否發達，關鍵在於品牌名稱。

名稱的好壞關係到品牌成敗，品牌名稱對消費者選購產品和品牌傳播有直接的影響。

所以說，品牌名稱也是企業的無形資產。一個好的名稱便於消費者記憶，使人產生聯想，引發好感，促進購買，同時節約傳播費用；反之，一個不恰當的名稱若無法表達企業主張，就會浪費傳播費用，影響消費者購買。

可見品牌的附加價值，是以某種形式存在於品牌名稱中。

## 一、沒有名字，誰認識你

光有產品，沒有品牌，或者直接用產品名稱上市的企業，在過去是非常普遍的。

以藥品企業為例，很多人都知道得什麼病，要吃什麼藥。過去的「感冒通」是一個產品的名稱，由於消費者只能透過產品名稱選擇，所以「感冒通」這個名稱就成為很多企業最好的包裝選擇，反而把品牌名稱放到包裝角落。

中國過去有一個產品叫「腎寶」，這個產品行之有年，消費者對這個名稱也很熟悉，但卻沒有用品牌創造市場；後來出現一個新產品叫「匯仁腎寶」，於是先前沒有做品牌，但把市場拓展出來的「腎寶」就不知去向了。

但如今面對日益激烈的市場競爭，這樣的企業越來越少。隨之而來的現象是：企業的名稱不夠響亮或宣傳不夠，造成消費者只認得產品，卻不知品牌。

就拿酒類市場來說，中國有個產品叫「二鍋頭」，北京一個產品叫「紅星二鍋頭」。「二鍋頭」是產品名稱，因為企業在計劃經濟時期並不注重品牌塑造，造成「二鍋頭」的產品概念大於品牌概念，使得市場上出現許多「二鍋頭」。

中國人都熟悉「金嗓子喉寶」，這也是目前市場上比較多廣告的產品。「金嗓子喉寶」就是一個產品名稱，它的品牌叫「都樂」，可是這個「都樂」又有幾個人知道？ 企業至今仍然用產品的名稱拓展市場，不知這個市場創造是不是又會為別人作嫁衣。

顯然，上述幾種情況依然存在於市場中，仍然很多企業沒有品牌名稱，或乾脆用產品名稱上市。但產品若上市成功，最後的市場往往不屬於原本的企業。

如果企業在上市階段沒有名稱，或沒有強調品牌，那不管為市場開拓付出多少努力，都得不到應有的結果。而當市場真正啟動後，再想改變這樣的狀況，無異於痴人說夢。

## 二、為品牌起個好名字

品牌名稱是品牌的核心要素之一，可以看成是品牌特徵的濃縮，或者是品牌文化概念的基礎。

通常，一個好的品牌名稱本身就具備宣傳的功能，它可以是一句最簡短、最直接的廣告語，給消費者留下深刻的印象，並能夠迅速有效地表達品牌的中心內涵和關鍵聯想，從而節約大量傳播成本

那麼究竟要如何給品牌取名？

我們都知道，每個品牌都應該有自己的定位和價值取向，但這些能在品牌名稱中體現出來嗎？顯然，好的品牌名稱要符合企業屬性，並能表達品牌的定位和價值，還要便於傳播一體化。

（1）眾所周知，品牌是主體與受眾心靈的烙印，倘若品牌名稱的涵義能夠使消費者產生共鳴，必有助於品牌快

速成長，因此心靈共鳴是品牌命名的第一要務。

（2）音節簡單、發音響亮。我們都知道，一個容易上口的名字往往便於識別和傳播，容易讓消費者記憶深刻，也更容易使品牌脫穎而出。

（3）引發消費者正面聯想。正如人的名字普遍帶有某種寓意一樣，品牌名稱也應包含與產品或企業相關的寓意，讓消費者能從中得到關於品牌的正面聯想，產生對品牌的認知或偏好；相反，如果品牌命名不當，則容易引起人們的反感，甚至引起法律糾紛。

香港金利來公司的原名，是由其英文名 Goldlion 音譯的名字，為「金獅」，而金獅在粵語中音同「甘輸」，很不吉利，產品銷路一直不見好；直到後來改「lion」為「利來」，才有後來的輝煌。

（4）與競爭對手區隔化。企業的競爭必須實現差異化，這不單指產品和品牌，更要在品牌名稱上體現。

中國有很多新成立的品牌，為了借力打力，常常用知名品牌的諧音，或更改其部分，期待讓人感到親切。比如，國外有一個「美標」，就跟著出現「法標」、「韓標」、「中標」、「金標」、「航標」等，如此多標，魚龍混雜，很難在眾「標」中脫穎而出。

一個新穎獨特的名字，才能讓品牌與眾不同，打動消費者的心。隨著生活品質的提高和人本意識的強化，消費者要求產品能體現自我個性。如果沒有差異化，品牌將會淹沒在茫茫大海中。

（5）尊重不同地區的風俗和文化。不同國家或地區的消費者，對同一名稱會有截然不同的認知和聯想。因此要特別注意目標市場的文化，以免使他們不悅，影響品牌發展。

總之，「好馬配好鞍」，當我們有一個好的品牌理念，最首要的不是實現它，而是思考如何將理念傳播給消費者，使其接受，這就需要企業在品牌名稱上多下苦工。

## 皇帝脫了衣服也是普通人

「買櫝還珠」的故事相信大家都聽過，拋開個人眼光問題，這個故事還說明了一個事實：經過的包裝和加工，確實可以達到突出產品的效果。

就好比有兩顆珍珠，本身區別不大；但如果將其中一顆放在精美的盒子裡，價值馬上就會有所提升。

如今，產品同質化的現象已不可避免，但要如何突出產品和品牌的特點？這就要依靠包裝。

可以說很多時候，包裝才是真正決定企業成敗的關鍵，也正如一句話——皇帝脫了衣服也是普通人。

### 一、包裝中的心理暗示

有一天，你想要喝果汁，所以來到了超市。但擺在你面前的果汁，全都在同樣的杯子裡，你會認為哪個比較好喝，哪個比較難喝嗎？

可以想像，如果在你面前放兩杯不同品牌的果汁，即便讓你品嘗，也很難分辨好壞；而這時如果拿出果汁的包裝，估計就很容易判斷好與壞了。

同樣，許多名牌產品在剔除包裝後，很難從普通的同類產品分辨出來。可能有企業會說：我們的產品不管是材質還是設計都很好。

但要清楚的是：消費者不是專家，很難區分產品本質的好壞，他們評判產品品質的方法，往往只是透過包裝、品牌。

在心理學中提到過知覺這一概念。知覺是人腦對客觀事物的整體反映，在現實中，物體的各個屬性並不能夠脫離具體物體而單獨存在。

在消費活動中，消費者都要事先對自己的印象綜合分析，透過知覺活動，對產品從少數屬性的認識上升到整體的認識，才能決定是否購買。我們常常說，某人僅憑表象就喜歡某一事物，說的就是知覺作用。

而那些善於經營的企業會善加利用這點，以精美包裝和優美的產品造型，引發消費者的好感，增加其購買欲望。

如果企業的產品沒有包裝與品牌的優勢，消費者就很難分辨產品品質，那麼產品就會很快淹沒在同質化的海洋中。而在這種情況下，能影響消費者就是價格因素，價格戰最後還是會導致品質下降。

所以說，產品本身的差別不大，那麼包裝和品牌就成為影響消費者心理的最大因素。企業要想左右這種影響，首先就要有一套獨特的產品包裝，能在眾多的品牌中脫穎而出。

不要以為在產品包裝上投入是一種浪費，看看可口可樂，他們在一百年前就敢用六百萬美元買下亞歷山大．山姆森設計的瓶子，在當時可謂一項巨額投資；但到了今天，可口可樂依然沿用這個包裝，因為可口可樂的包裝已經成為其品牌的第一道壁壘，價值自然無法估計。

## 二、創新包裝策略

一直以來，中國的衛生紙業一直進行著低利潤的競爭，但隨著心相印衛生紙的出現，這一狀態隨之改變。

可以說，心相印衛生紙之所以能夠在行業內保持領先，與其精美的包裝設計和獨特的品牌理念不無關係。

二〇〇四年情人節，經過一系列的精心策劃，心相印推出幾米系列新品，從此一炮打響，讓漫畫與衛生紙的結合成為一種時尚，至今讓很多年輕人難忘。可以說幾米系列衛生紙，是包裝創新在生活用紙業最典型的代表。

可見，產品包裝的根本在於：包裝設計能否打動消費者的心。

因此在包裝設計中，面對品種繁多、各具特色的產品，不論企業採取什麼材料、什麼形式、如何設計，都要思考如何才能滿足消費者的心理需求。

### 1・突出產品形象

美觀實用的包裝雖然能產生較強吸引力，但對多數消費者來說，最關心的還是包裝的內容物。因此，包裝設計必須運用多種手段，直接或間接地反映產品特性。

例如，採用透明或開窗型包裝，可使消費者親眼見到產品的實體形象，消除顧慮和不信任心理。

### 2・融入文化元素，富有時代性

消費者購買時，求新、求變的心理最具代表性。這種心理支配下的購買行為，不僅要求產品的性能、特點具有時代性、新鮮感，對產品的現代化要求也十分強烈。

因此，產品包裝設計應在材料研製、製作工藝、設計方面琢磨，給消費者新穎獨特、簡潔明快、科學先進的感覺。

### 3・使用安全便利

包裝設計要考慮消費者購買產品後攜帶、搬運、保管、使用等問題，力求包裝設計科學合理。

因此，包裝設計應在充分研究產品性質、品質和用途的前提下進行，包括以下方面：

(1) 以不損壞產品及不傷害消費者安全、健康為原則，選擇適當的包裝材料。

(2) 以便於攜帶、搬運、保管使用為原則，設計好包裝的結構、形狀、規格和開封方式。

(3) 為消費者擔心的問題，在產品包裝上印有使用和保管方面的介紹，是不可缺少的設計因素。

### 4・優化圖文設計，巧用色彩裝束

不同的消費者由於民族、文化、地域、宗教、年齡、性別、收入等的不同，同一事物也會產生不同理解；而同樣一種包裝，不同消費者也會有不同的感受、產生不同的聯想。

因此，包裝設計中的每一項設計，如造型、文字、繪畫、色彩等，都應全面考慮目標市場的各種因素，力求包裝設計健康、美好、能夠引起消費者的積極聯想。

同樣，包裝的色彩也會引起消費者的不同心理聯想，如綠色給人安寧、生機盎然的聯想。總之，產品包裝應符合消費者各方面的心理需求，以刺激消費者的購買欲望，達到促進銷售的目的。

例如：海倫仙度絲的定位是去屑洗髮精，故從瓶身造型到藍白相間的色彩都在營造清爽的感覺。

當然，包裝的作用也不單單是為了好看，還有拓寬通路的功能：四川榨菜若用大罎子、大竹簍包裝，只能在中國的醬菜店銷售；但若改為小罎子，就能賣到香港；而以塊、片、絲的形式把榨菜分成真空小袋包裝，就能銷往國外。隨著包裝材料和方式的創新，產品包裝將會為企業開拓更多的市場機會。

總之，產品包裝是銷售的「無聲促銷員」，更是「第一促銷員」。

# 用產品的心理屬性帶動品牌擴張

產品持久競爭力的關鍵是品牌，一個品牌在消費者心目中烙印越深，其品牌競爭力越強。因此，品牌競爭力的強弱，完全取決於產品傳達給消費者的價值，即品牌的核心價值。

可口可樂的老闆憑什麼放出豪語：「即使可口可樂全球的工廠一夜之間都被燒毀，也可以在一個月內恢復正常的生產與銷售。」就是因為其品牌的價值力量，就因為「可口可樂」這四個字代表著信譽、價值和消費者想要的東西。僅憑藉這四個字的力量，銀行第二天就可以為其貸款，全球的通路商也會毫不猶豫地繼續先款後貨地銷售其產品，消費者仍會購買。可知品牌的價值力量，是決定產品能否獲得持久競爭力的關鍵。

## 一、以產品為主的核心價值

品牌的核心價值，是與競爭品牌相區別的本質特徵，更是提升競爭力的泉源。

一個沒有核心價值的品牌，或沒有能力用核心價值影響消費者取捨的品牌，只是一個商標；只有在精神上得到消費者擁護，才能真正實現產品向品牌的過度，最終實現向文化的跨越。

例如，迪士尼樂園以「為人們帶來快樂」作為品牌的核心價值，從卡通動畫到真人影片，再到迪士尼樂園，「為人們帶來快樂」的品牌核心從未改變，即使為了適應消費的多樣化，迪士尼樂園的產品不斷推陳出新，但這一品牌仍舊靈活。當消費者想到尋求快樂時，首先想到的就是「為人們帶來快樂」的迪士尼樂園，這也是為什麼迪士尼樂園可以長盛不衰的根本。

決定一個品牌是否能夠影響消費者心智價值的關鍵在於：消費者是否需要品牌核心價值，無論是理性或感性的需要。

因此，在提煉品牌核心價值時，必須從產品本身出發，從產品的核心競爭優勢向品牌的核心價值擴張。而從產品本身出發，就要同時關注產品的自然和社會屬性，從兩種屬性發掘產品的核心優勢，形成產品獨特的銷售主張，並借助這一主張，提煉出差異化的品牌價值。

所謂從產品的自然屬性出發，即產品的原料、工藝、技術、功能、用途、品質、競爭對手策略等方面，找到與競爭產品相區別的特點，發掘出別人未曾表達過，且消費者需要的核心利益。

可以說，從產品自然屬性出發的銷售主張，含有明顯的產品行銷觀念，它是以產品特性為基本點，向消費者需求靠近的一種思考方式。如Volvo從產品技術出發，提煉的「安全」主張；農夫山泉從產品原料出發，提煉的「天然」主張；海倫仙度絲從產品的功能出發，提煉的「去屑」主張等。

而從產品的社會屬性出發，實際上就是以目標消費者的需求為基本點，從產品以外的附加價值，提煉出一種與消費者在精神上產生共鳴的獨特價值。

比如：金六福從消費者的傳統觀念出發，將「壽、富、康寧、攸好德、佳和合、子念慈」傳統六福，演變成新六福，團聚是福、參與是福、平安是福、進取是福、相愛是福、分享是福，抓住消費者對福氣的渴望，提煉出獨特的「福文化」；百事可樂從美國年輕消費者渴望激情與超越的思想出發，提煉出區別可口可樂「歡樂」概念的「年輕」主張。萬寶路從男性消費者對西部牛仔個人英雄主義和桀驁不馴的追崇出發，抓住男性消費者渴望自由、豪放生活的心理需求，提煉出「男子漢」的主張等。

無論是從產品的自然屬性出發，還是社會屬性，我們的核心目的，是透過發掘產品本身或附加價值，提煉出品牌差異化，品牌的核心價值是產品能夠給予消費者的利益，這種利益必須與眾不同，並且被需要，且必須比對手更加優越。

在產品日益豐富，產品概念層出不窮的今天，消費者的需求也越來越個性化。差異化的品牌核心價值，是產品避開正面競爭，低成本行銷的最佳策略。一個品牌可以透過其獨特、為大眾所需的核心價值觸動消費者，那麼這個品牌將利用衍生出來的認知度、美譽度、忠誠度實現產品價值最大化，在消費者的生理、心理上建立起穩定的認同感，使產品具有強大的溢價能力，擺脫與對手在價格戰中爭鬥的命運。

當前中國產品存在的最大問題，就是背後沒有強大的品牌力量。很多企業在品牌核心價值的提煉過程中，沒能提煉出清晰、獨特的品牌價值，只能依靠產品的品質和價格生存，這也是為什麼中國企業越來越頻繁地陷入價格戰的原因。導致產品價格越賣越低，利潤越來越薄，品牌也成為無源之水、無根之木，只能年復一年、日復一日地陷入到低水準的價格戰、通路戰、促銷戰中。

因此，隨著市場競爭不斷升級，產品同質化的現象愈演愈烈，品牌價值的差異化競爭策略，已經成為謀求產品競爭優勢的不二法門。而提煉差異化品牌價值的最關鍵，在於從產品核心出發，透過發掘產品核心優勢，塑造獨特的品牌個性，並利用產品差異化為品牌價值差異化奠定基礎，進而透過品牌力量帶動產品銷量。

## 二、產品差異創造差異化的品牌價值

這是一個追求個性的年代，無論是對品牌還是產品，一個獨特、鮮明、差異的品牌，可以從眾多品牌中脫穎而出，說明產品在目標市場中享有號召力和吸引力，有差異才有魅力。

正如世界上沒有兩片相同的樹葉，同樣也沒有完全相同的產品，重要的是我們要從原料、工藝、技術、功能、用途、品質、競爭對手策略，以及消費心理等方面找到產品的核心差異，並將這個差異放大，形成產品獨特的銷售主張，提煉出獨特的品牌個性，創造獨一無二的品牌核心價值。

### 1．產品原料的差異化主張

產品的獨特性可以來自多方面，包括生產原料的差異化發掘。例如：三元不含抗生素的牛奶「無抗奶」，利用奶源優勢，提出了「百分之百無抗生素主張」，使三元在銷售者心目中建立起了最優質的牛奶形象，重新劃分了牛奶業的競爭態勢；農夫山泉利用「源頭活水」，在競爭異常激烈、幾無立錐之地的瓶裝水市場闖出一片天地；頓號乾紅葡萄酒利用世界上最成熟、波爾多同緯度的釀酒葡萄，成就世紀佳釀等。這些品牌無不是根據產品原料的特性，昭示了與競爭品不同的價值，避開強勢品牌的鋒芒，以較小的代價取得成功。

### 2．產品工藝的差異化主張

在產品工藝上謀求產品的差異性價值，也是很多企業常用的手段，這種工藝上的差異化，既可以是獨有工藝帶來的競爭差異化，也可以是利用消費者資訊不對稱達到的差異化。

比如，大平油業的脫蠟工藝，作為一個地方的區域產品，為了從金龍魚、福臨門、光氏兄弟、魯花花生油等品牌脫穎而出，在原有植物油的七道製作工藝上又增加了一道脫蠟工序，率先在中國推出了「脫蠟油」的概念。

大平油業就是利用獨創的工藝，找到了與競品相區別的核心優勢，在消費者心目中建立起「脫蠟油才是最好的植物油」的新價值觀；而利用消費者資訊不對稱，從工業流程中提煉出核心概念的最成功品牌，要數樂百氏純淨水的「二十七層淨化」，雖然所有純淨水都是二十七層淨化工藝，但樂百氏最先發掘，並將產品純淨至極的屬性傳達給消費者。

### 3．產品功能的差異化主張

產品功能的獨特化已經成為很多企業常用的競爭手段，希望透過差異化的功能提升產品競爭力。

比如：超人集團的刮鬍刀創新。在超人集團正式推出曲面、剃刀可以推到高位的新功能刮鬍刀前，PHILIPS 的刮鬍刀占據最大的市占率。PHILIPS 生產的刮鬍刀都帶曲面，但後面有一個曲柄，要刮長鬍子時，就要拿鏡子、抬頭，很麻煩；於是，超人集團想到可以開發一個既是曲面，又可以把剃刀推到高位的新型刮鬍刀。新的刮鬍刀在二○○四年面世，並在芝加哥展覽會上引起了轟動，超人刮鬍刀也一躍成為最好的刮鬍刀品牌。

### 4．產品外觀的差異化主張

外觀一般不會成為產品的一個獨立核心概念，卻是產品形象差異化的關鍵。大多數產品功能的好壞，需要消費者購買後才能體驗，一般都是先接觸產品的外觀，而設計優良的外觀可以提升產品的價值感。外觀已成為越來越多企業提升產品價值的主要手段，消費者在購買產品時受外觀的影響也越來越強烈。

據調查：消費者在選購手機、電話、汽車、電視、洗衣機五種產品時，有高達百分之二十到百分之四十的消費者看重產品的造型，而非性能——這是產品性能同質化必然的結果。如酒鬼酒的包裝，給人一種獨特的形象，使人們一提起酒鬼酒，就會聯想到那個類似布袋的包裝。

### 5・產品技術的差異化主張

一個高技術含量的產品，本身就向人們展示了它無與倫比的優越概念。如果在技術上可以創造出唯我獨有的差異化產品，就能將這一技術擴展為品牌的獨特個性，並提煉出以這項技術為核心的品牌價值。

嫘縈的發明就是一個很好的例子：二戰後，天然絲綢的原料極其短缺，這時，夢特嬌發明了一種可以代替天然絲的全新材料，這就是被稱為夢特嬌亮絲的獨特材質，隨後這種材質在服裝領域迅速推廣，成為消費者心中珍貴和高品味的象徵。

### 6・從消費者心理創造差異化主張

在發掘產品差異化的過程中，一定要結合消費者心理，不要追求盲目、絕對的差異化。差異化的目的，是以獨特品牌價值的最大化，占據消費者的心智資源。

因此，產品的差異化價值選擇，要看這個差異化對消費者是否有意義、是否為消費者所需，且從消費者心理出發，分析消費者希望取得哪些方面的需求滿足，產品又有哪些特徵可以滿足消費者的需求等。

如太子奶的「每天補充乳酸菌」，這一訴求的確將產品含有乳酸菌的特性表達出來；但對消費者來講，補充乳酸菌是否有必要？顯然，太子奶在進行產品差異化發掘中，忽略了消費者的需求。

發掘產品差異化，在滿足消費者需求的前提下，還要考慮消費者是否有能力購買這種差異化。一般情況下，所有消費者均希望在實惠、簡單的條件下，滿足自己的需要，如果這種差異化超出了消費者購買能力，這種差異化將變得毫無意義。

比如，有企業開發了一種保固期最長的醬油，可以存放十年都不變質，可以說「保固期十年的醬油」和市場上所有的醬油都不同，很有差異性。但反過來要想想：消費者需不需要這種差異性？我想答案是否定的，哪個消費者十年用不完一瓶醬油？有誰會在意它可以存放十年？有的消費者還會懷疑，可以存放十年是不是因為防腐劑放得比較多？

因此，產品的差異化必須立足於消費者需求，提煉出被需要的產品價值，只有這樣的品牌價值才能深入人心。

## 用品牌文化影響消費者生活

在消費者做出選擇的過程中，除了對產品品質和價值上的認同，還有一種力量影響著消費者的選擇，就是品牌文化。

任何品牌的核心價值就代表著一種文化，而品牌傳達給消費者除了產品本身的價值外，最重要的就是這種獨一無二的文化精神，這種文化一旦與消費者內心產生共鳴，這種力量就會非常強大。

當可口可樂與消費者心中的快樂等同的時候，當 Volvo 成為消費者安全價值觀的時候，當 BMW 等同於駕駛樂趣的時候，當人們怕上火就喝王老吉的時候，這些品牌就實現了產品到文化的跨越。

因此品牌價值的核心，在於能否傳達給消費者與眾不同的文化，透過這種文化的催化，引導消費者做出有利於自身產品的選擇。

中國的很多醫藥企業，都比較重視品牌文化的建設，在產品設計、品牌規劃、產品生產、銷售、服務和廣告宣傳等環節上，都努力投入文化。

暢銷海內外的京都念慈庵川貝枇杷潤喉膏，就是將川貝枇杷潤喉膏這一古方的始創者為病中母親四處奔走，終於得清代名醫葉天士指點，求得祕方治癒母病的故事，附在產品說明書的背面，透過對始創人傳統美德的宣傳，折射出品牌背後深厚的真、善、美文化底蘊，從另一個角度表達了品牌「治病救人、扶弱救危」的經營理念，使品牌深入人心。

因此，品牌文化是品牌創建過程中最重要的任務，從海內外著名品牌的發展軌跡來看，品牌文化的建設可以從以下幾方面入手：

## 一、從品牌定位找到文化座標點

品牌文化的建設首先要確定品牌的定位，透過品牌定位找到最適合的文化座標，也就是品牌價值；再將品牌核心價值聚焦在一個利益點、資訊點、概念點上，將它推進消費者的心智，借助品牌價值背後的文化力量影響消費者。

品牌定位所要實現的，就是品牌與眾不同的差異點，確定品牌針對的消費群體，為客戶提供差異化選擇。像 P&G 定位為「優質產品，美化您的生活」；TCL 定位為「為顧客創造價值」；資生堂定位為「科學裝扮人生」；IBM 定位為「電腦整合服務商」等。而企業透過品牌定位確定品牌文化座標點時，可以從七個方面作為導向：

### 1．以產品自身的差異性為導向

中國的大寶以獨特的產品特點切入，以「吸收特別快，適合普通人的大寶」作為品牌定位，迅速占據了小資族這個巨大的市場，在這些消費群體心中建立了大寶不貴、好用的品牌價值觀，大寶也成為專為小資族生產化妝品的品牌。

### 2．以目標市場為導向

直接以主要消費群體的利益決定提供什麼樣的產品，如海爾推出手機時，從正在為理想打拚的年輕人出發，以「聽世界，打天下」作為品牌的定位，獲得一大批滿懷豪情、開拓進取年輕人的追捧，將品牌背後勇於進取的精神文化傳遞給消費者。

### 3．以感性需求為導向

這種定位方式，是將人類情感中的關懷、牽掛、思念、溫暖、懷舊、愛等情感融入品牌內涵。如豆豆集團的高碑店豆腐絲，從親情、世情、友情出發，以「情繫天下人」為品牌定位，透過品牌文化喚起消費者內心深處最柔軟的感覺，引發消費者共鳴，進而建立品牌忠誠度；還有即墨老酒的「德」文化，也是以感性需求為導向的成功典範，真正能做到天人合一的貫通。品即墨老酒，即是品「歷史」，品「文化」，品「德」。

### 4．以利益為導向

這裡的利益可以是產品利益，也可以是品牌利益，產品利益主要是消費者購買產品時，以滿足理性要求為取向的利益，而品牌利益更多是透過購買獲得的感性結果。如大平油業的「品質為大，平淡是真」的品牌定位，就是要讓社會、市場、朋友、消費者感受到大平油業的真誠；還有海爾的「優質服務」定位，也是為了更好地滿足消費者希望售後服務跟上的潛在利益點，在消費者心目中建立起品牌形象。

### 5．以價值為導向

這種價值分為產品品質上的價值和附加價值。產品必須要滿足消費者的價值需要。創維彩色電視強調「專業製造，國際品質」；戴爾電腦強調「物超所值，實惠之選」，以及雕牌的「只選對的，不買貴的」等，都是透過強調品質的價值獲得消費者的認同。而產品的附加價值，則體現在產品功能以外的感性層面，比如：勞力士代表高貴、完美的形象；Lacoste 西裝代表穩重、成功等。

### 6．以企業文化為導向

這種定位模式，是企業用自己的企業精神作為品牌定位，如 IBM 就是利用大眾心目中已有好感的企業形象，來提高品牌價值，放大品牌形象。一句「IBM 就是服務」，將 IBM 服務全球的企業精神彰顯無疑，IBM 就是最好的產品、最好的服務；PHILIPS 的「讓我們做得更好」，在消費者心中建立起了精益求精的品牌價值；Nokia 的「科技以人為本」；招商銀行的「因您而變」等。

### 7．以歷史為導向

很多企業以悠久的歷史確立品牌的文化內涵，利用消費者對歷史悠久的產品容易產生信任的慣性，建立品牌文化。比如河北豆豆集團的高碑店豆腐絲，就是傳承九百多年前的傳統文化，將高碑店豆腐絲近千年的歷史導入品牌文化；著名的小天下酒，就是傳承了深厚的魯地孔儒文化，以「登東山而小魯，登泰山而小天下」作為品牌定位，推出了三年窖藏、六年珍品、九年極品的系列產品，使每個酒品都深深浸染了濃厚的文化底蘊。

## 二、用品牌文化創造一種生活習慣

品牌文化建設的最終目的，是利用品牌創造一種價值主張，並透過這種主張為消費者創造一種生活方式。比如：當我們有頭皮屑時，會想到什麼產品？沒錯，海倫仙度絲。這個時候，海倫仙度絲僅僅只是一個洗髮產品嗎？不是，它已經成為消費者生活方式的一部分。

當想到某個品牌，就會習慣性地想到要做什麼；或做什麼時，一定想到某個品牌，此時這個品牌已經成了消費者的一種生活習慣。比如我有個朋友很喜歡吃速食，一週總會去麥當勞幾次，這時，麥當勞已經成為他生活的一部分；再比如，很多人在飯後都會習慣性地嚼一塊口香糖，這也是產品向生活的轉化。

當一個品牌創造的生活習慣覆蓋的人群越多，當這個生活習慣被消費者延續的越長，我們可以說這個品牌已經擁了永生的基因，其產品也真正獲得了持續性的競爭力量。

因此品牌文化的終極使命，就是將品牌融入消費者的生活中，並透過消費者持續性的體驗，演變為消費者的生活習慣。

瑞典 IKEA 家居就是一個利用品牌文化，將品牌培養為消費者一種生活主張的最成功例子。IKEA 不僅將生活徹底融入到自己經營的產品裡，也巧妙地將其灌輸到了消費者的腦海裡，它販賣的生活方式正在全世界流行，消費者卻以為自己正在創造生活。

在 IKEA，你能斜坐在心儀的椅子上徹底放鬆，也能躺在鍾愛的大床上欲睡欲醒。幾步之外，你可以品嘗著吃不飽的瑞典小肉丸，跟抱著大袋鼠玩具的孩子盡情喧鬧。IKEA 給了消費者家的體驗，並透過這種體驗，將家的觀念潛移默化到消費者的生活觀念中，IKEA 也就成了消費者設計家居生活最好的選擇。

## 品牌核心價值的四大要素

建設品牌的目的，是為了借助品牌力量增強產品競爭力，完成產品對市場的最大化占有，因此品牌的忠誠度是品牌建設過程中主要謀求的價值。消費者忠誠對每一個品牌來說都最重要，也最難得到，但歷史上每一個成功的品牌後面都有大量忠實的消費者。

品牌忠誠度的決定性力量，在於品牌核心價值能否為顧客及社會創造價值。當一個品牌可以為消費者及社會創造出價值時，這個品牌將會被消費者銘記；當品牌的核心價值成為消費者心中的價值座標，或成為整個社會的價值標準時，品牌也就為自己創造了價值。

以微軟來說，幾乎每一個電腦使用者都用過微軟的作業系統或其它程式。而全球百分之九十五的電腦使用者都使用微軟的 Windows 作業系統。這固然有其技術領先的因素，但一提到微軟，能讓電腦使用者毫不猶豫地購買其產品，主要還得益於其品牌的魅力。最新的全球品牌榜統計，微軟的品牌價值超過五百億美元。

如迪士尼賦予了品牌「為人類創造歡樂」的價值，使其在經歷了幾十年的社會變遷，同業紛紛倒下的情況下，依然蓬勃發展。因為人們需要它，社會需要它，而只有被需要的品牌才能長久生存。

還有沃爾瑪賦予了品牌「為消費者創造平價購物」的價

值，讓一個曾經僅二十幾平方公尺的小雜貨店，成為今天全球連鎖店超過三千家，年銷售額幾百億的零售業巨人。品牌能否滿足消費者需求，已經成為檢驗品牌核心價值能否創造價值的唯一標準，因此，品牌核心價值的塑造過程中，必須保證核心價值為社會所需要、深入到消費者的內心，並兌現其承諾。

## 一、核心價值要為社會所需要

消費者的需求是品牌價值建設的基點，只有能滿足消費者需求的品牌價值才有存在的意義，品牌價值只有具備了實際需求，才能產生強大的市場號召力和消費引導力。

任何消費者在購買產品時，首先考慮的就是是否需要；同樣，在銷售者決定為某一品牌價值付出金錢時，需求也將成為決定購買的核心要素。

這種需求可能是現在的需求，也可能是未來的需求，可能是物質上的，也可能是精神上的，可能是必需的，也可能是非必需的，因此企業在進行品牌價值的塑造時，必須對消費者的需求進行深入分析，確定品牌價值在需求鏈中的具體位置，提出特色化的價值主張。

企業在塑造品牌價值時，一定要從消費者需求出發，絕不可憑藉主觀意志判斷，一廂情願地來確定品牌價值，否則，這樣的品牌價值將不能創造任何價值。

沃爾瑪的創始人山姆·沃爾頓曾經推出一款可樂，名為

「山姆的選擇」。其價格比百事可樂和可口可樂低近一倍，又擁有全球幾千家沃爾瑪連鎖店通路，銷量卻不及可口可樂的兩成。是口味不好嗎？進行口味盲測後，消費者的評價結果是：山姆的選擇與可口可樂、百事可樂之間沒有任何差異，消費者甚至區分不出三者。價格便宜、通路暢通，為什麼沒有好的銷量？

原因就是：「山姆的選擇」沒有特色化的品牌價值主張，不像可口可樂那樣主張快樂、美國精神，也沒有像百事可樂那樣，主打新一代的新選擇、時尚勁酷，它只是一罐單純的可樂。因此，不久「山姆的選擇」便淡出了市場。

## 二、核心價值要深入消費者內心

品牌價值傳播的意義在於深入消費者內心，用恰當的方式持續與消費者溝通，促進消費者的認知、信任和體驗，以圖在精神上得到消費者認同。

因此，品牌核心價值不能僅僅停留在概念層面，必須要落實到市場需求上，落實到消費者心理，只有這樣，品牌的核心價值才能轉化成市場價值。

以海爾為例：在科技上，海爾不斷堅持技術創新，讓消費者不斷分享科技文明的成果；在產品設計上，體現「使用者需要的不是複雜的技術，而是使用上的便利」；在服務上，海爾提出了「國際巨星級的一條龍服務」。海爾「真誠」的核心價值，始終貫穿品牌價值的每一個環節，不斷鞏固品牌在消費者心中的地位，也增強了持續競爭的優勢。

## 三、核心價值要兌現其承諾

品牌的核心價值能否為產品帶來持續競爭力，在於品牌透過兌現承諾的價值建立起信任。這種信任來自於很多方面，比如某個產品可以達到，甚至超過消費者預期的信任感、某個品牌遵守承諾產生的信任感、某個產品性能穩定帶來的信任感等。

品牌價值的承諾必須要與產品的實際功能相符，品牌並非無中生有，任何品牌都是伴隨著產品而生，產品品質的好壞直接決定了品牌素養的高低。如果一個品牌背後，沒有一個強有力的產品，最終只能是一個商標。消費者在購買名牌產品時，不僅僅是對品牌文化的認可，也是基於名牌產品可以在品質上更好的承諾。

如手機品牌 Nokia，在全球最具價值的品牌榜高居五強之列，Nokia 的品牌核心理念「人本科技」，就是品牌核心價值由內而外，落實在產品環節上的成功典範。Nokia 不僅透過宣傳，讓消費者清楚地感知到他們努力將冷冰冰的科技變得溫暖，也體現在產品的各個層面。Nokia 產品的設計依據人體工學，握在手中舒適自然，即使關機也可以使用鬧鐘、備忘錄等，類似的人性化設計無處不在。因此，只有立足消費者的實際需求，從產品的品質入手，不斷兌現產品的價值承諾，才能使品牌的核心價值變得真實有力量。

## 四、品牌價值的實現在於始終如一

持續一致的品牌價值，是很多品牌走向成功的不二法則。品牌價值一旦確定，只可堅持，絕不可半途而廢。品牌價值具有時間上的相容性，其文化內涵可以延續百年、千年而不落伍。即使經歷時代變遷、企業變革，甚至是市場發生顛覆性改變，都不能使一個品牌動搖。

可口可樂創立至今已一百多年，經歷了時代變遷、市場洗禮，卻始終堅持「美味的、快樂的」的核心價值，將歡樂與美國精神深深植入到消費者心中，不僅生存到今天，並且品牌價值居於世界品牌榜前列；勞力士一直堅持「美麗」，以國際影星作為代言人長達七十年之久；資生堂從一九五〇年代開始，就堅持傳達「心靈美育與生活美學」，始終扮演著對社會傳輸美學教育的角色；LV、賓士等品牌，始終定位於高品味市場，由此塑造了象徵身分地位的形象，這個定位至今沒有絲毫改變，使忠誠於他們的消費者認為，這些品牌是最可信賴的朋友。

品牌的價值的實現，是一個長期的過程，只有依靠一磚一瓦、日積月累、始終如一，才能成就強勢品牌，而在這個過程中，要堅持價值核心的連貫性，不斷積累深化。但很多企業在品牌價值的建設過程中，卻因為短期銷售壓力而朝令夕改，使名牌最終無人問津。

牛仔服裝的著名品牌 Lee，就因中途改變品牌核心價值而陷入困境。Lee 原本代表的是「最貼身的牛仔」，這一定位與那些以時尚、潮流為主打的品牌相比很有生命力，但很多中盤商卻認為消費者要買的是時裝；因此迫於無奈，Lee 改變了品牌的定位。沒多久，Lee 陷入了發展困境。但兩年後，Lee 又重新回到了品牌原點，「最貼身的牛仔」使 Lee 終於在強手如雲的牛仔服裝品牌中，建立起自己的商業王國。

以上四項要素，構成了成熟完善的品牌核心價值，相互聯繫並細緻做好每一方面，便可以創造出強大的品牌競爭力。

# 打造自己的羅馬大道——通路管理心理學

## 行銷通路的瓶頸效應

「選擇大客戶不賺錢，選擇小客戶收不回錢。」

「銷售團隊要麼賣不出去東西，要麼向我漫天要價！」

「我們再努力，就長不大，過不了一千萬的門檻！」

「以前一招就靈，現在連使數招也不見效。」

「東西賣出去，錢卻收不回來！」

「漲價怕丟失客戶，降價又賺不到錢！」

……

當企業發出上述聲音時，大部分已經陷入了通路歧途，進入了通路發展的瓶頸階段。當區域市場運作了一定時間，或新產品導入到了一定階段，往往會進入銷量滯漲的瓶頸期。通常表現為：實體店不慍不火，零售點難以進一步展開，經銷商積極性衰退，整個通路活力不足。

面對上述問題，企業紛紛採取降價、促銷、產品升級來解決。這些方式並非不可取，但要明白，這些方式都會減少利潤，甚至影響企業的未來。

筆者認為，要想打破通路發展瓶頸，必須回頭研究通路問題的本質，從客戶的心理需求對症下藥，才能避開競爭鋒芒，走出自己的羅馬大道。

我們先來談談通路瓶頸問題產生的原因。

## 一、通路瓶頸源於通路的疲憊

通路瓶頸的出現，在於通路疲憊。要在有限時間內有效突破「通路瓶頸」，讓市場銷量持續快速增長，企業必須動態地把握區域市場的運作時機和通路節奏，圍繞通路來整合相關的行銷策略和投入，重新實現市場推廣與實體店的結合、經銷商與實體店的結合、實體點擄點與消費者培養的結合。

通路產生疲憊主要源於以下原因：

### 1．通路下沉力度不夠

通路下沉力度不夠，就會對零售客戶追蹤不到位，不能有力督促經銷客戶對零售客戶鋪貨和補貨。更因為缺少經常性溝通和資訊回饋，零售客戶對產品銷售的激情慢慢冷卻，從而疲憊。

華龍集團曾經推出一款飲料，但上市後並沒有取得預期結果，主要原因在於產品價差較小，各個通路缺少操作空間，致使積極性不高，所以通路難以下沉，經銷商的再次回款出現疲憊。

### 2．促銷缺少創意

有些企業在通路推動中，只是做些簡單的搭贈促銷，致使零售客戶認為產品本身的價值不高，他們也就會將銷售簡單化，甚至索性將產品價格下降。如果企業的促銷費用還有一定的限制，通路商就更沒有操作空間了。

江西有家飲品公司，其瓶裝水飲料常年採用原品搭贈，後來就出現實體店銷售直接降價的現象，致使後來廠商與經銷商無論如何努力，市場銷售都難以突破，通路出現疲憊。

### 3・行銷策略不當

使通路疲憊的行銷策略失誤非常多，如產品價格體系沒有吸引力；品牌宣傳不能對消費者造成拉力；客戶服務不周到，使經銷客戶不願繼續合作；產品生不逢時或不符合市場需求，遭到經銷客戶拒絕等，都是行銷策略不當的結果。

### 4・行銷策略錯誤

策略能夠讓企業站得高、望得遠，故必須準確把握企業的市場發展方向和通路策略。

一九九〇年代，大地集團當時在中國的豆漿業僅排在維維之後，而其產品品質更優於維維豆漿，且價格相當；而在中國零售業發生變化後，零售實體店連鎖化、規模化出現變革。然而該企業採取的仍是「盤中盤」式的操作，僅僅因為當時實體店利潤較少，沒有順勢設立大型實體店，依然將策略方向定位在農村市場，導致市場逐漸萎縮，最終農村市場沒有占領，實體店又失去了機會。

這就是一個行銷策略錯誤，引發通路疲憊的典型案例。

### 5・團隊管理失控

組織結構和管理是行銷業績的關鍵，而行銷人員素養和勞動積極性是市場制勝的關鍵，行銷各個環節的控制均是透過行銷人員管理，團隊管理一旦追蹤不上細節，客戶服務品質就會受到非常大的威脅。現在市場上許多名牌酒類企業難以落地，與行銷人員長期浮在工作表面有直接的關聯，集體化的行銷人員跳槽更是企業生存的致命之傷。

## 二、通路設計時應避開的美麗陷阱

在高度對抗和同質化競爭的區域市場中，單純從分銷通路的某個環節入手，或採用單一通路策略突破「通路瓶頸」激發通路商的積極性，都難以奏效。即便能有一定的突破，其資源投入、開發成本和運作時間，企業也難以承受。

這就需要企業在設計通路時，考慮通路商的需求和選擇，避開一些看似美麗的陷阱，避免通路瓶頸出現。

### 1・選擇市場輻射廣的經銷商

很多企業認為，市場輻射廣的經銷商能擴大市場。其實這種觀點必須要有兩個前提：一是市場輻射廣經銷商的輻射效果必須可以複製；二是市場輻射廣的經銷商在其他區域市場必須有效果，有競爭性。

如果這兩個假設成立，那麼企業選擇市場輻射廣的經銷商，確實能達到預期目標。

但事實上，常常就是這兩個前提出現問題。如果經銷商的輻射力比不上其他經銷商的本土擴張能力，或經銷商的輻射力根本無法複製，就無法實現銷售目標，還可能給經銷商帶來一個通路難題：竄貨。

### 2・選擇規模大的經銷商

規模大的經銷商意味其具備雄厚的實力，有些企業認為這樣的經銷商分銷快。但分銷快有個前提，就是經銷商雄厚的實力，必須可以成功地轉化為行銷能力；但實際上，有經驗又有足夠資本的經銷商並不多見。

另外，現在的行銷進入實體店銷售階段，產品只有得到實體店認可市場才有拓展空間，這也就是為什麼實力雄厚的經銷商不能迅速進入狀況。

從行銷需求的角度分析，只有那些對實體店深刻了解的經銷商，才能對客戶需求做出快速反應。

### 3・執著於選擇經驗豐富的經銷商

上面的闡述好像可以得出這樣得結論：選擇有經驗的經銷商就可以掌握實體店、客戶需求，並迅速拓展市場。但這個假設，必須建立在經銷商經驗的有效性和可複製性。如果其經驗可以複製，只要根據經驗就可以做好市場。但目前的現狀是：市場飛速發展且動態。墨守成規地根據以往經驗肯定不可行，將昔日成功的經驗套用在現在的市場上，很容易會使經驗變成包袱，昔日的輝煌難以再現。

### 4・過於強調資金實力的經銷商

還有部分企業過分強調資金實力，認為現今時代，資金實力最為重要。資金實力雄厚的經銷商可以在前期保證穩定的進貨能力，和向分銷商賒銷的能力，這對市場的前期推動非常有力。

這種說法固然沒錯，但不可忽視的是，現在中國的商業環境，市場誠信體系尚未完善，如果經銷商把銷量建立在賒銷的基礎上，將是無底的深淵，可能為企業的長期營運帶來惡性循環。

同時，資金實力雄厚的經銷商，往往會將資本運用於經營多個品類，必然產生產品選擇的問題，就很難將一個產品作為重點，傾盡全力。

## 看準客戶個性，讓客戶自動上門

我們都聽過這樣一句諺語——條條大路通羅馬；其實，行銷的本質就在於打造一條屬於企業的「羅馬大道」。兩點之間最近的距離，為兩點之間直線連線的長度，企業的實際情況與市場目標就是商業中的兩點，兩點之間的羅馬大道要如何設計，才能更順暢、更通達？

經營通路，如同經營一種市場思想與產品，也要從客戶的心理需求入手。對上述問題，我的觀點是：透過對通路商不同需求的把握，透過通路的設計和變革，讓通路商自己做「上門女婿」。

## 一、通路商決策者的個性特徵分析

### 1．洞悉內外專家型

該類通路商由於多年銷售經驗，加之關注行業資訊的動態變化，有自己的觀點，且具有創新發展的意識，吸引諸多企業競相合作，因為在該類通路商的拓展下，企業產品能快速分銷和實體店推廣，迎合企業建立市場、拓展網路市場。

該類通路商是否與企業合作，基本上在業務初次拜訪後，就已分析全面的得失，在二次回訪時已有定論，是否合作能快速回應。若選擇合作，該類通路商會老練地開出一系列政策要求，昭示出專業化運作風範。所以對於企業來說，誠信合作顯得特別重要。

在與該類通路商的洽談，需派遣精幹的高級業務交涉，方能對等協商，且容易產生共識。

### 2．吹毛求疵小氣型

該類通路商的最大特點是，初次見到企業派往的業務，動輒以有實力的知名企業自居，對行業把脈似乎樣樣精通、無所不曉；其實，該類通路商屬於過於精明，而又追求短期利益的客戶，也是業務最為難纏的客戶。

表面上告訴你可以隨時合作，但真正開始合作，往往把企業派遣的人員累得心力交瘁，更有甚者，在合作期不能允許有一點損失，並希望從企業身上得到更多回報與支持。一段時間下來，該類通路商，貨要的不是最多，錢給的不是最爽快，但政策申請卻緊逼企業的重點通路商。

在與該類通路商溝通時，企業需派遣善於斡旋、富於遊說經驗的人員，正所謂兵來將擋，在虛實中合作，在不平衡的動態中發展。長遠來看，該類通路商不是企業理想的合作對象，故企業在成功進入市場、站穩腳跟後，需要培育儲備性通路商，以便能隨時替代。

### 3・心直口快豪爽型

該類通路商直來直往，生性豪爽，不喜旁敲側擊、拐彎抹角，在選擇合作企業上也不拘泥於太多細節，只要有利可圖，如何合作都行，且合作與否也能迅速回應，省去業務的口舌工夫。而企業在選派人員洽談時，也要有所兼顧，可以選擇誠懇的老實型人員，或與之匹配的豪爽型業務。

### 4・神情淡然冷靜型

該類通路商有個特點，就是任企業業務引經據典的遊說，依然平靜如水，看似在聽，好像又心不在焉，為此業務會覺得不知所措。

其實，該類通路商在聽業務條理性闡述的同時，心裡一直在打如意算盤：合作會得到哪些利益？不合作又會面臨哪些損失？而該類通路商一旦動心，合作基本上就順理成章。

反之，任業務講得如何天花亂墜，他依舊巋然不動。針對該類通路商，企業適宜選派講話富有條理，有很強專業性的業務與其洽談，對於合作利弊、政策支援等尤要盡可能詳實，以便為該類通路商提供決策參考。

## 二、不同性格類型，不同合作心態

在行銷實戰中，企業必定要與大量通路商打交道。綜觀形形色色的通路商，在通路商性格分析的基礎上，企業應看準其利益需求，區分各種通路商的合作心態。

### 1．「唯利是圖」、一次性買賣型

該類通路商信奉的是：無論知名與否，只要能賺錢，與誰合作不都一樣？此類客戶很少有長遠打算，更注重唾手可得的利益。

此類客戶非常注重企業的信譽和品質，對企業也比較挑剔，以自身利益和目標達成為中心，若首次合作稍有不慎，即可能令此類客戶終止合作，很難促成二次合作。

企業在與此類客戶合作時，可以盡量減少長遠利益的優惠政策，如策略聯盟、年終紅利鼓勵、抽獎等推廣形式，可以加大通路的利潤差價、即時性訂貨獎勵等，能馬上兌現的推廣形式。

另外，這類客戶在企業立足市場後，是首要剔除的客戶類型。

### 2・鍾情名角，喜好找金主型

該類通路商雖沒有與行業巨頭企業相匹配的資源實力，但充滿底氣，依託自有的部分通路或實體店，鍾情於數一數二的企業。至於其他二、三線的企業，則很難贏得該類通路商的完全認同，合作的機率也很渺茫。

### 3・強調門當戶對型

企業與客戶合作時，也講究門當戶對。倘若一方出自名門，另一方出身卑微，很可能形成不平衡的現象，很難心平氣和地長久合作。在一些客戶中也不乏寧為雞首，不為牛後，與其選擇與知名企業合作承受不平衡，不如按照自身身分，找一個旗鼓相當的企業愉快合作。

### 4・多方求益、見異思遷型

該類通路商對知名企業品牌樂於代理，二、三線中富有潛力的企業也能接納，而其他不知名企業的產品，只要品質過硬，有很大的利潤空間，也能容下。

此類客戶精力充沛，心思高度活躍，總是把握商機，盡可能代理或經銷同一行業的多家產品，一邊選擇與新品牌合作，一邊放棄合作中不太理想的企業，很難靜下心來給自身和企業一個市場培育和消費認知的機會，故此類客戶也不是企業理想的合作對象。

### 5·重誠信，一見鍾情型

此類客戶非常注重誠信合作，是企業理想中的合作對象。對方一旦選定與一個有實力、潛力的企業合作，短期內不會輕易轉投他處，是能真正陪伴那些剛起步企業發展壯大的合作夥伴。

### 6·關注潛力股，目光長遠型

該類通路商在與企業選擇合作前，會細緻地考慮問題，如同老股民一樣，善於選擇富有個性、品牌價值深厚、有發展潛力的增長型企業合作，注重長遠合作和利益實現。該類通路商適宜與那些品牌知名度和影響力不高，但富有品牌內涵、產品特色、迎合市場趨勢的新銳企業合作，最終實現雙贏，是雙方的理想夥伴。

總之，與企業一樣，通路商也面臨競爭、威脅、生存、發展，也需要利潤點支撐。因此不管何種類型，在最終利益滿足點上，都有一個共性特徵：賺錢才是真理。

企業只有針對不同的通路商分析，方能與自己的通路品牌精準對接。因此企業在與通路商洽談時，要清楚把握客戶的性格，以便量身訂做出個性化合作模式，吸引對方合作。

# 靈活的通路變革和創新

我們常說，時變則事移，時間隧道中，似乎沒有永恆不變的道理。市場是個飛速發展的動態環境，企業如果想要適應市場，進而引導市場，就必須不斷根據市場情況調整和創新。

通路變革不僅僅是指通路模式，還包括選擇和鼓勵經銷商，以及對通路模式和中間環節等的動態調整。影響通路效果的因素不僅僅是市場變化，還有企業內部變化與通路的發展狀態。

市場環境的變化要求企業進行相關調整，作為企業最重要的資源，通路變革已經成為一枚重要棋子。只有善用這枚棋子，企業才能有更多「活眼」，拓展更大的發展空間。在變革風暴席捲前，先知先覺，並以先進理念指導，以科學方法先為的企業，才能把這套功能發揮得淋漓盡致，並在日後的激烈競爭中把握更大的制勝籌碼。

## 一、通路創新中的心理障礙

革命的思想正確，革命的道路卻很曲折。所有的變革都建立在掃除障礙的基礎上，對於通路變革也面臨同樣的問題，而首先需要正視通路變革可能遇到的障礙。

### 1．認知性障礙

中國大部分企業都採用傳統的分銷通路，而這種通路多數是依賴當地的經銷商面對消費者，解決消費者的需求與問題。企業把大部分精力放在生產、研發和內部管理方面上，對市場和客戶的需求認知相對匱乏，這就限制了企業通路變革和創新的能力，人云亦云。

實際上，對不同企業來說，最適合的通路方案不會是完全一致的通路，否則即使進行通路變革也無法達到預期目的。

### 2．通路環節的障礙

通路變革將不可避免地使利益重新分配，必然損害部分通路環節的利益。部分經銷商出於對自身利益的維護，也會對通路變革造成阻力。通路阻力相對於企業的實力來說可大可小，如果企業實力較強，那麼這種阻力可以忽略；如果企業不足以與所有經銷商抗衡，那這種阻力就可能是變革的強力阻礙。

### 3．消費者習慣障礙

消費習慣形成不僅需要一定的時間，改變也需要一定的時間，而改變需要潮流的指引和利益的驅使。

通路變革雖然存在諸多限制，卻是企業發展的必經之路。

因此企業在發展過程中，要以發展、全面的眼光看待市場，首先需要快速的反應力。

對市場和客戶有敏銳的觀察力，根據市場變化調整、創新通路。快速反應就是創新，就能創造價值，是企業不競爭仍然能夠順利發展的法寶之一。

其次，要增加與客戶的接觸程度，了解消費習慣的規律，而不是坐在辦公室裡紙上談兵，只有這樣，才能保證市場訊息真實而有效。

最後，在與經銷商的利潤劃分上，要具備不競爭的精神，從多層面和角度上保證通路環節的利率，不能因為通路變革，傷害原有通路的利益。

**4・通路變革的創新策略**

通路變革包括通路調整和通路創新。通路調整相對範圍較小、力度較弱、變革程度較低，只是企業自身的「免疫」調整，而非大動干戈的變革與創新，策略則指通路變革的創新策略。

## 二、看準創新的根源與時機

《孫子兵法・虛實》曰：「兵無常勢，水無常形，能因敵變化而取勝者，謂之神。」面對瞬息萬變的市場競爭，成功鍾情於善於變化、掌握規律的企業。改變和創新的時機究竟是什麼時候？有無規律可循？對企業自身通路的評估，可以作為變革時機的參考。

通路評估，是企業透過系統化的措施，對其行銷通路的效率和效果進行客觀的考核。通路考評既包括通路對社會貢獻的宏觀考核，也包括企業創造的價值和服務的微觀考核。

從行銷心理學的角度看，企業更應側重於微觀考核——既是對通路功效的考核，也是對通路中每個環節的考核。

**1．實體店滿意程度**

行銷各個環節工作的根本意義，在於服務實體店客戶，也就是最終客戶。這是行銷的關鍵環節，如果客戶不滿意，企業說自己再好，都無異於是「老王賣瓜」，孤芳自賞。客戶的滿意度就是最終的衡量標準——維護客戶的成本，遠遠低於開發客戶的成本，而客戶若不滿意，將直接導致客戶流失。

對於客戶這種稀缺資源來說，掌握客戶就是掌握一切。客戶不滿意來源於兩個基本方面：通路執行不力，和通路的不適性。通路執行不力可以透過調整來解決;但是如果通路不適應，則必須創新。

戴爾電腦的直接行銷創意，就是在客戶不滿意傳統分銷通路購買電腦的基礎上所創立。消費者的時間與精力越來越寶貴，對生活方便性的追求，以及產品的多樣化和可替代性，使客戶對企業的要求越來越高；通路的便利性、舒適性等要求，都成為客戶的滿意指標。而客戶的滿意指標或更高要求的指標，將成為通路變革的重要參考指標。

**2．企業的發展狀態**

市場與客戶不斷拓展，企業與通路環節不斷擴大，使通路變革成為必然。在企業發展週期中，處於發展階段的企業，借力經銷商的網路資源相對合適，這樣可以避免在通路浪費過多的財力和精力；但當企業發展到成熟階段，為了規避經銷商壯大帶來的通路風險、擴大企業的影響範圍、提高對通路的掌控力，通路變革就變得非常重要。

**3・競爭的焦點**

隨著市場競爭的劇，產品競爭、促銷競爭、價格競爭、通路競爭一一上演。如何能夠做到通路不競爭？條條大路通羅馬，通路不競爭採用的最重要方法，就是創新通路。當大家在狹小的獨木橋上爭先恐後時，卓越的企業正在建造新橋，或打通空運、水運，依據企業實際狀況獨闢蹊徑。而當獨特的通路構建成功後，其他企業只能望其項背。

**4・通路自身發展問題**

通路在建設、維護的過程中，每個階段都會出現問題。通路問題包括通路閒置、通路費用上升、通路管理失控等多種情況。如果通路問題不是根本性的，只是具體環節問題，就只需採用不調整、微調的方式。

收益和成本的差額為正，則可以微調；反之，則可以不調整。

**5・通路定位問題**

傳統的行銷理念認為，通路中的企業和經銷商處於競爭立場，需要透過「劃分殖民地」的方式進行利潤分割。那在這種理念下，企業和經銷商的關係定位也是「劃分殖民地」式的定位。

這種通路定位帶來的直接結果，就是經銷商無法與企業、客戶之間進行有效溝通。企業的長期發展和客戶忠誠度的培養很難預測；反之，分銷商的貼身服務，往往可以使客戶對產品的好感，進而維護企業和客戶的關係，增強企業競爭優勢。

6·多元通路的環境成熟

市場的定義已經變得模糊，現有零售據點、商場、超市、便利商店等多種交易場所，更有線上交易、直郵等無場所通路。多元市場使購買專業化的程度要求越來越低，使企業對於通路的要求越來越高。如果堅持傳統式的分銷通路，可能無法應付目前的市場狀況，所以適當的通路變革是大勢所趨。

如果企業能夠在不斷的重組和創新中，發現適合企業的發展前景、符合消費者的需求與生活方式、適應市場變化的通路，就可以讓企業的市場反應一躍而起。通路猶如思維，需要靈活變通，需要敏銳的市場洞察力才能夠保持生命力。

## 通路人員管理，要有制度作保障

通路中的客情關係，是通路能夠順利運作的重要籌碼，而客情關係中的主角就是「人」——通路人員。如何做好通路人員的管理，直接關係到企業通路的順暢與否、銷售是否順利。因此管理通路人員，是市場得到勝利的前提。

## 一、通路人員管理的目的

通路的順暢和持久經營，除了要對經銷商進行科學管理外，還需加強與經銷商對接的管理，只有這樣，企業才能夠將客戶資源真正掌握在手中。

客戶資源，是一個企業生存最基本、最寶貴的資源，實現了客戶價值，才可能實現自身價值。而企業的生存、發展和壯大，都無法離開客戶資源，誰掌握了客戶資源，誰就掌握了生存命脈。

而與經銷商對接的人員，正是企業的通路人員。通路人員不是指製造商外部的人員，而是指企業內部和經銷商對接的人員，包括管理者、市場管理層、業務。實現通路人員的有效管理，就把握住與經銷商連接的紐帶。

## 二、通路人員的管理原則

通路人員管理如同「打蛇」，要抓住七寸，才能打住要害；管理通路人員也要把握住一定原則，既不能過於保守，又不能過猶不及。

原則一：公司代表原則。經銷商或者客戶都是企業的資源，通路人員代表企業與其建立合作的關係。

原則二：組織性原則。通路人員和企業內部的其他員工，性質上沒有什麼區別，都是企業組織的一名從業人員。公司的規章制度一樣要遵守，並參與公司的績效評估。通路人員作為組織成員必須接受組織安排，具備良好的從業道德。

原則三：鼓勵原則。作為通路人員，相對於其他員工壓力和工作強度都比較大，所以對其績效考核標準必須符合鼓勵原則，不能只有要求，而沒有鼓勵。

## 三、通路人員管理的四個難題

在現有的企業中，通路人員管理基本上有四個難題：

**問題一：資源流失。**

中國很多企業的經銷商和客戶資源都掌握在通路人員手中，因為通路的地域性和成本性限制，企業無法控制經銷商和客戶，只能透過通路人員聯繫。這種機制的直接後果就是，要麼通路人員的離開使通路和客戶資源流失，要麼因為通路人員的跳槽，導致經銷商和客戶資源轉為競爭對手的資源，將會對區域市場造成致命的打擊。

**問題二：中飽私囊。**

作為企業與經銷商、客戶的聯繫紐帶，通路人員的直接作用就是互通有無。如果中間涉及費用問題，在沒有良好監督機制的情況下，通路人員很可能中飽私囊。長此以往，將會破壞經銷商和客戶的熱情。

**問題三：消極怠工。**

通路人員因為工作環境的特殊性，企業對於其時間管理沒有著力點，通路人員容易因缺乏約束力而消極怠工，影響工作效率。

**問題四：衝突不斷。**

如果通路人員缺乏管理，對通路成員和製造商的衝突就不能及時調整，衝突就會一再發生，加重雙方的矛盾。

## 四、通路人員管理，要有制度作保障

通路人員在通路的經營中，有著至關重要的「主動性」、「積極性」作用。因此對於通路人員，不僅在工作設計之初就要有合理規劃，還要在日常管理、目標管理、過程管理、效果管理等過程設置合理標準。有良好的制度作保障，才能為通路人員的積極性、主動性建立一個良好的平台。

### 1．工作設計

工作設計依各個企業的實際情況而有所不同，所以無論在公司通路人員的組織架構、人員編制還是職責設計上，都不能一而概之，但仍有一個共同的參考標準。

（1）銷售部門屬於企業的一個職能部門，應與其他部門合作，最終實現公司的行銷策略目的。

（2）銷售部門應該執行企業管理階層制定的銷售指標，且銷售指標必須細分到具體組織和個人。

（3）通路人員必須協助通路成員的工作，並維持企業和通路成員的上傳下達，及時處理日常衝突。

（4）通路人員應該有日常培訓，並不斷培訓通路成員。

（5）通路人員必須勤於實地探勘，市場是跑出來，而不是想出來的。

（6）銷售部門必須建立經銷商、客戶、市場的資料庫，要求通路人員不斷回饋相關資訊。

（7）銷售部門必須居安思危，不斷開拓市場，做好網路的深耕和擴展。

（8）銷售部門管理通路人員。

（9）通路人員的業績考核標準要公平適度。

### 2・日常管理

通路人員的日常管理雖簡單，但非常重要，只要工作設計明確、績效考核合理，在細節上設立審核標準並確切執行，就可以建立透明化的管理機制。

### 3・目標管理

通路人員的目標是——開發市場，網路深耕和擴展、達到銷售目標、滿意服務、收集資訊和培育市場等。那麼對於通路人員管理，就是考核是否進行這幾項工作以及成果。

### 4．過程管理

根據通路人員的工作流程，制定流程化管理。在通路人員工作流程的重點環節中，設立管理規定、審核標準。只要對各個環節監督到位，就可以按照預期進行。

### 5．效果管理

對於既定的目標和標準化流程，如果沒有預期的效果就要分析成因，排除客觀原因，而通路人員的主觀因素能以協同工作的方式進行。這種方式常用於保險公司，對於通路人員採用協同工作，可以評估其工作環節，再予以糾正。

而效果管理也會出現兩方面問題：一是態度問題——如果是態度問題，需要考慮績效合理性和通路人員素養兩個因素；另一個是能力問題——解決辦法包括培訓、幫辦還有內部調整。

# 第五章

## 打通通路經脈——通路溝通中的心理學

# 通路衝突管理，溝通是關鍵

通路衝突，是指通路中相關成員的某方或幾方，利用某些優勢和機會，對另一個或者幾個成員有敵意的行為。

產生利潤、追求利潤，是商品存在的本質。在市場中，由於利潤、溝通、管理等因素，會造成製造商與通路商的矛盾、通路商與下游分銷商的矛盾，而矛盾激化，就會產生通路衝突。

通路衝突，是製造商與通路商的管理階層一直想要解決的問題，也是一個難解的問題。其中有很多外在市場原因，但究其根源，核心無不出在通路環節的利益需求滿足上。

## 一、通路衝突原因

合作就會產生摩擦，摩擦嚴重到一定程度，就會變成衝突；而雖然結果都是通路衝突，產生的原因卻各有不同：

### 原因一：利潤不平

通路衝突的產生有多種因素，但最主要的，就是各環節的利益歸屬不同。製造商或服務供給者希望獲得長久、持續的發展通路鏈，保證穩定的現金流；而其他經銷環節企業的經營目的較為直接，也就是透過行銷該產品、服務，達到利潤最大化。由於各自目的不同，自然會產生經營上的分歧。

製造商希望擴大銷路和市占率，而經銷商希望短期利潤最大化；製造商只生產自己的產品，希望經銷商同樣只經營自己的產品，或將絕大多數精力用於自己的產品，但經銷商並不關注經銷哪種產品，更關注哪種市場更好營運、更快盈利；製造商希望產品折扣到消費者手中，而經銷商更希望折扣到自己口袋；製造商更關注品牌，經銷商更關注利潤；製造商希望經銷商可以做當地的廣告，而經銷商希望製造商做全國的以及地方的公關;製造商希望將倉庫挪到經銷商處，讓經銷商多備庫存，經銷商則希望製造商可以實現各地快速物流，減少其庫存壓力。

在利益目標不同的情況下，製造商和經銷商會產生衝突，表現形式雖然不同，但鬥爭目標只有一個——就是自己能擁有更多利潤，而將風險轉嫁給別人。

### 原因二：溝通不良

溝通已經越來越被廣大企業認可，特別是成熟型企業。溝通分為內部溝通和外部溝通。如果將製造商內部成員的溝通定義為內部溝通，那麼其與通路其他成員的溝通就屬於外部溝通，而溝通不良的現象廣泛存在製造商和經銷商之間。

先說企業內部的溝通不良：例如，市場部門提出的行銷規劃和推廣方案，是站在全域的立場出發。但因為溝通問題，在向銷售部門陳訴或實施時遇到阻力。在實際執行中，銷售部門調整方案，將風險和責任部分轉嫁給經銷商。而在經銷商與業務溝通中，由於責任劃分問題，導致溝通難度越來越大。

其次，是溝通不及時或沒有溝通：例如，企業的管理模式就是專制管理，那就很容易溝通不及時，或乾脆不溝通;此外，製造商想要保持商業優勢或保密競爭時，也會有不溝通或者溝通不及時的現象。如此一來，經銷商的熱情會被打擊，矛盾便開始積累。

**原因三：制度問題**

通路中的環節衝突，部分來源於制度。在簽通路鏈合作協定時，通路中各環節的責任、權力、利益劃分不明確，通路衝突自然不斷。而制度中經銷商的銷售信貸、地區劃分、權力模糊等，是衝突產生的市場原因。

## 二、通路衝突的具體表現形式

通路衝突的表現，分為關係宏觀和市場微觀兩種。

關係宏觀表現，是指各個利益單位之間的衝突；市場微觀表現，是指不同利益單位在市場實際運作中的現實問題。

### 1．關係宏觀表現衝突

在關係宏觀表現衝突中，主要體現在不同環節間的矛盾：

（1）同業衝突

同業衝突是廣義上的市場衝突，指同一市場上經營同類產品的經銷商，面對面爭搶同一客戶的固定市占率。例如：代理青島啤酒的經銷商與代理燕京啤酒的經銷商，在武漢市場上的競爭。

（2）垂直衝突

垂直衝突是指同樣的製造商，隸屬上下游經銷商間的衝突。垂直衝突的產生，一方面是製造商在執行通路扁平化策略時，造成的衝突；另一方面是在爭取大客戶時，不同級別經銷商為了維護自身利益的競爭。

（3）水平衝突

水平衝突是指在同一製造商的同樣級別，但經營不同區域的經銷商，因為利益劃分產生衝突。同級經銷商之間的衝突表現為竄貨。而所屬市場價格偏低的經銷商，為了自身超額利潤，就會單方面違反合作協定，將價格偏低的產品銷往價格偏高的其他經銷商銷售區；另一種，則是以直接降售，衝擊其他地區的經銷商。

（4）交叉衝突

交叉衝突在製造商和經銷商之間。有些製造商除了實體店還有其他通路，那麼面對大客戶時，製造商的直營業務和經銷商就會產生衝突。不同通路間的衝突，將隨著多重通路行銷系統的壯大而加劇。

## 2・市場微觀表現衝突

在市場微觀表現衝突中，衝突主要體現在價格、庫存等實際執行的細節要素中。

（1）價格衝突

價格是經銷商和製造商間最為激烈的衝突，而具有一定知名度的企業，幾乎都會面臨價格問題。經銷商經常抱怨企業的產品或服務價格過高，導致銷售額不理想；而在實際市場中，一方面由於製造商的定價過低，使經銷商的利潤空間過低，經銷商會要求漲價，另一方面企業為了整體市場策略運作，也會實施高價策略。而製造商與經銷商的矛盾，就在市場的「烘烤」下不斷升級。

（2）存貨衝突

市場上有些企業喜歡轉庫，因為企業生產的存貨過多，就將產品從自己的倉庫轉移到經銷商的倉庫中，看似銷售數量上漲的良性趨勢，實則為企業帶來長久經營的不利。企業因金流等因素而最小化存貨的行為，與經銷商減小庫存壓力的意圖必然會產生矛盾。

（3）費用分攤衝突

製造商與經銷商廣告、公關費用的分攤問題，由於製造商的輻射範圍越來越大而被提上日程。製造商營運市場時，需要同時顧及廣告和公關，但由於精力和實力的限制，不可能解決每一個銷售地區的宣傳問題，如此就需要經銷商的協助。然而，廣告並不能持續地為經銷商帶來效益，因為宣傳是為製造商的品牌服務，經銷商不願意做；而製造商又必須打廣告，衝突就在「不願意」與「必須」間升溫了。

（4）保證金和訂貨金的衝突

經銷商營運製造商的產品時，是否需要繳納保證金，同時訂貨是賒銷還是現金支付，這種問題也會產生衝突。同樣為了金流，不同的利益主體都想要獲得更多利潤。

（5）多元化經營衝突

經銷商為風險的考量，喜歡多元化，兒將經銷範圍擴大可以分擔風險，這樣的策略必然導致其精力分散，不能專注運作製造商的產品或者服務；而對於製造商，要求經銷商減少產品線是非常合理的要求，兩者之間的衝突在所難免。

衝突在良性範圍內對生產企業有利，但當它超過了一定的範圍，成為惡性矛盾時，就會破壞企業的通路。因此企業應當適當規劃通路，防止惡性衝突。

## 三、通路衝突管理

衝突與合作相輔相成、一體兩面，由於多數企業的通路都是多元化、多極化、全國性的，所以通路衝突無法避免。因此如何在多層、多面、複雜的關係中解決衝突，就變得越來越重要。

在通路建成和維護的過程中，企業需要不斷提高溝通能力和通路管理能力，完善與通路間的關係。

企業應使每一個通路和環節，都能按照既定目標有序行銷，即可達到行銷目標；反之，企業可能喪失通路的功能，甚至破壞市場銷售。當通路衝突產生時，也需要有序地解決、管理衝突。圖 5-1 所示為衝突管理方法。

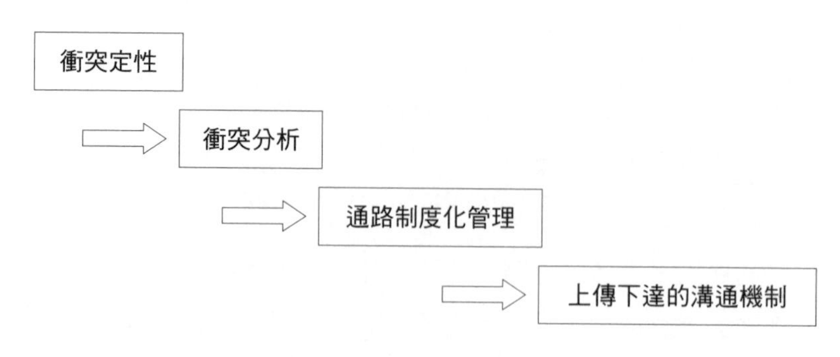


圖 5-1 衝突管理

## 1・衝突定性

衝突包含僅需引導的良性衝突，和需要解決的惡性衝突。那應如何劃分良性和惡性衝突？

首先，良性衝突都是建立在合作的基礎上，不存在惡意競爭；其次，良性衝突只是優勝劣汰的自然法則，可以督促經銷商和企業銷售人員在適度的壓力下正常工作。為衝突定性之後，可避免小題大做或衝突不可控制的局面。

## 2・衝突分析

如果是惡性衝突，那麼企業就必須解決這種衝突，否則這樣的通路既脆弱又危險。

首先，分析惡性衝突的原因、性質和可能產生的後果；其次，透過對惡性衝突的分析，制定一套針對不同性質衝突的解決方案。這套方案需要目的明確、具備可行性，並能確實化解衝突，保證通路正常運行。

### 3．通路制度化管理

建立通路透明機制和公平機制，簽訂合理的合作協定，協定明確詳實的權責劃分，透過先禮後兵的機制約束經銷商和業務的職責和權力，建設一套合理的通路架構，規避通路間的衝突。

### 4．上傳下達的溝通機制

企業與通路商必須不斷的溝通，平時可以由相對公平和有發言權的市場部門溝通，主要職責就是定期協調通路間的衝突。而當衝突程度加劇到市場部門已無法處理時，就需要專門的機制——設立臨時的通路管理專案組，根據衝突的性質制定解決專案，並監督執行。

溝通的一個主要方式是培訓，透過各種形式的培訓，向銷售人員和經銷商介紹企業文化、企業經營目標、企業經營策略、企業品牌定位、企業通路策略等，培訓可以採用靈活輕鬆的方式。

## 通路鏈管理，鼓勵很重要

在通路管理中，最基礎、也最重要的一個問題，就是通路成員的鼓勵。通路成員的鼓勵機制，是指製造商為促進通路成員達到行銷目標而採取的措施。

那麼，如何鼓勵經銷商才能達到市場目的？

從行銷心理的角度來看，「既授之以魚，也授之以漁」，就是讓其得到精神和物質的雙重滿足。

## 一、鼓勵的現實基礎

在整體通路的中間環節，經銷商處於什麼樣的現實狀態？

（1）經銷商關心的是銷售客戶需要的產品。

（2）經銷商更願意努力得到各種品類的訂單，而非只做單獨的系列。

（3）經銷商不認為自己是製造商雇用的一個供應鏈成員。

（4）除非提供一個刺激，經銷商不會保留單一品牌的銷售記錄。

通路系統，由兩種不同的利益目標和思考模式所構成。經銷商和製造商的關係不是上令下行的關係，而維繫兩者之間合作關係的紐帶，是對利益的共同追求。

因此對於製造商來講，為了使得整個系統有效運作，通路管理中的核心內容就是不斷鼓勵通路成員，讓其各司其職，不斷創造通路價值。通路鼓勵不是今日行、明日畢的事情，它只有隨著市場競爭的演變而調整創新，才能達到目標。

## 二、通路鼓勵的理論基礎

從 ERG 的需求理論分析，一個人有三種核心需求：即生存、相互關係和成長。

生存需求，包含基本的物質生存、馬斯洛需求層次理論的生理需求與安全需求；相互關係需求，包含馬斯洛層次理論的社會需求、尊重需求中的外在部分；成長需求，則包含在馬斯洛需求層次理論的尊重內在和自我實現。

ERG 理論透過實證研究發現：多種需求可以同時存在，如果高層次的需求不能得到滿足，則滿足低層次需要的願望會更強烈。該理論為通路鼓勵提供了理論基礎。

結合通路的跨組織特點，要使企業的通路策略能夠有效率地貫徹執行，通路領袖和企業的高層管理者，需要制定出針對通路成員企業、本企業通路管理人員的鼓勵政策與措施，方能滿足通路自身的正常發展。

首先，要針對通路成員企業、本企業通路管理人員的需求與動機進行設計、推動。

其次，通路領袖企業的通路管理人員在企業領導的鼓勵下，對通路成員企業和企業相關人員執行具體的鼓勵政策、措施。

最後，通路成員企業針對本企業員工的需求與動機，制定和實施相關的鼓勵政策、措施。

上述三個層面相輔相成，任意一個層面上鼓勵政策、措施的不到位，都會打擊士氣，導致通路效率下降。

## 三、通路鼓勵原則

通路鼓勵不是無限制的鼓勵，需要堅持一定的原則，使鼓勵政策規範、可控。

（1）目標相容原則：目標設置必須兼顧各成員間的目標，相輔相成。

（2）獎勵和懲罰相結合原則：獎勵和懲罰都必要，而以獎勵為主，懲罰為輔。

（3）公平原則：公平的比較標準，包含橫向比較和縱向比較，即透過自己與他人的比較，和自己與過去的比較，在通路成員間保持公平，能夠充分提高多數成員的積極性。

（4）適時原則：指應該把握時機鼓勵。如果沒有適時獎勵或者懲罰，則會打擊士氣。

## 四、通路鼓勵措施

通路鼓勵措施包括直接鼓勵和間接鼓勵。直接鼓勵，指透過物質、金錢的獎勵，激發中間商的積極性，從而實現銷售目標；間接鼓勵，指透過幫助中間商獲得更好的管理、銷售方法等，激發中間商的主動性，提高銷售業績。

直接鼓勵的方式包括返利、產品暢銷、價格優惠、先行鋪貨、供貨及時、品牌知名度、廣告支持、公關幫助、商業折扣、廠商政策支持等。間接鼓勵的方式包括協助培訓、協助管理、定期交流、互相理解、共同制定決策、承擔長期責任、安排經銷商會議、提供融資支持等。

## 五、通路鼓勵效果

從短期來看，直接鼓勵比較有效果，但如果從通路成功的原則來看，間接鼓勵比直接鼓勵更為重要，更能實現通路雙贏。通路間接鼓勵、互利雙贏的原則如圖 5-2 所示。

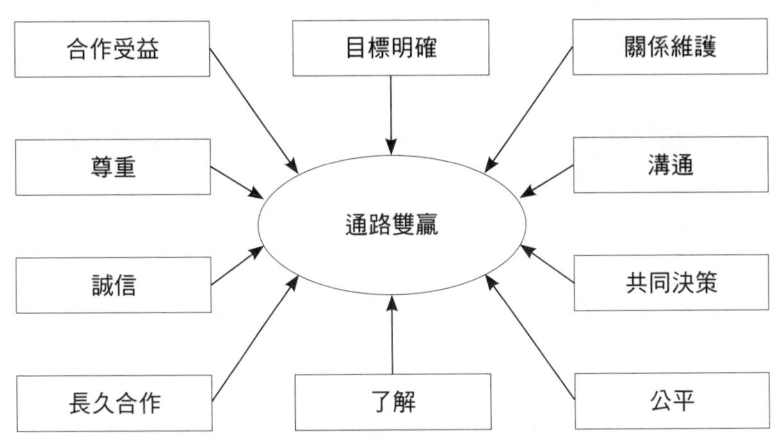


圖 5-2 通路間接鼓勵、互利雙贏示意圖

從圖 5-2 可以看出，長期的互利雙贏模式，比直接鼓勵更能有效提高經銷商的管理、銷售水準。直接鼓勵是給予物質誘惑，而提升性的精神鼓勵，更能維持長久的合作關係。

目前，中國絕大多數企業都採用銷售返利政策，因為通路成員不可能沒有利潤地營運通路。盈利既是商業經營的本質，也是中間商得以發展的根本。在企業處於初創期和成長期的階段，直接的銷售返利非常有效，企業可以直接用利潤吸引通路成員；而當企業發展到後半期，單純依靠銷售返利刺激通路成員，已不能滿足通路發展的需要。

在企業發展的成熟階段，需要適時根據具體情況分析。例如在此階段，需要將單純的銷售業績指標，調整為加權指標，各項指標包括銷售量、市場覆蓋率、安全庫存數額、回款安全比率、合作態度、忠誠度、配送及時比率和區域管理水準等，並根據重要程度，賦予指標不同的權數，進行加權平均。

## 通路促銷管理，要滿足客戶的利益需求

通路促銷是把雙刃劍。通常，優質有效的促銷策略不僅可以降低企業的行銷費用、減少促銷流程的複雜程度、增強可控性，還可以爭取商家的資金、擴大商家的庫存輸送量，迫使其投入更多的精力分銷產品。

但實施通路促銷也有很多講究：如果企業促銷的監控不夠，就可能改變企業促銷的初衷，無法保證各級商家及消費者的應得利益，影響通路的良性發展。

行銷人員要知道，通路促銷管理不力，將會造成大商家不將企業的讓利優惠給下級商家，還可能利用促銷產品的價格優勢衝擊其他區域、擾亂市場次序、引發區域商家間的矛盾。

## 一、市場化的通路促銷

促銷是行銷策略的重要組成，也是企業競爭、貫徹策略意圖的利器。通路是連結企業與實體店的紐帶，每個通路商都會經營多種產品，而不僅僅是單一廠商的產品。如何使經銷商專注於銷售某企業的產品，就需要對通路採取促銷戰術。簡而言之，促銷就是為了推動通路銷售產品的積極性。

## 二、通路促銷管理的目的

常見的促銷都是針對消費者的促銷，而針對通路也有獨特的促銷方式。促銷對象不同，手段也有所不同。針對通路成員（代理商、批發商、零售商等）促銷，是企業通路策略的重要內容之一。

通路促銷的目的通常有六個：實現鋪貨率目標、提高銷量、新品上市、處理庫存、季節性調整、應對競爭。

### 1．實現鋪貨率目標

產品推廣成敗的一項重要指標是「鋪貨率」。在產品上市階段，一定的鋪貨率對產品推廣、廣告配合、穩定市場等有著極為重要的作用。為確保達到鋪貨率目標，企業需按計劃組建、擴大或調整分銷網路。

### 2·提高銷量

在相應市場達到較高「鋪貨率」後，企業的主要目標是提高市場占有率。此時，促銷目標已經由實現鋪貨率，轉為提高銷量（即增加分銷商的訂貨量，獲取企業的預期利潤）。

### 3·新品上市

由於顧客需求呈多樣化、多變性的趨勢，企業往往需要及時向市場推出新品。在新品上市過程中，企業需要大量宣傳，並制定相應的銷售政策，處理新舊產品之間的競爭。

### 4·清理庫存

受生產規模、運輸及倉儲等條件的限制，企業需要定期清理庫存。大量清理庫存可能會打亂市場價格體系，並減少企業利潤。另一方面，如果清理庫存時能巧妙運用通路資源，卻能藉此擴大市場占有率。

### 5·季節性調整

有些產品的銷售會受到季節性因素影響（如空調、冷飲、禮品等行業），這是由產品特性和消費者需求變化所引起。企業不僅要分析產品的季節性變化趨勢，更要分析競爭品等方面的變化趨勢。

### 6・應對競爭

競爭對手的市場行為，是企業制定促銷政策時必須考慮的重要因素。當某產業企業不多、少數企業占據大部分市占率（市場集中度較高）、產品差異性不大、消費者有相當識別能力，並了解市場情況時，分析競爭者的市場行為尤為重要。 通路促銷的目的，還需要與企業的整體行銷策略一致，促銷是一把雙刃劍——「殺敵一萬，自損三千」，在促銷時一定要把握好「無損於企業的整體策略」這一原則，慎用這一行銷利器。無論如何，為增加一點點銷量而損害品牌形象或整體策略，必然得不償失。

## 三、通路促銷管理中常見的問題

促銷管理的責任，不僅僅限於促銷方案策劃和活動實施上。作為行銷部門一項重要的管理職能，如何從管理的角度控制好促銷的過程？ 答案是：策略層面的高瞻遠矚。

目前，中國企業的促銷活動、管理，多建立在策略、技巧及操作層面，缺少策略層面的思考；然而，策略性思考是企業持續促銷、創新能力和促銷方向的基礎。

例如，P&G 公司正是在企業多品牌策略上思考，使其洗髮精產品的廣告各有側重又相得益彰，飄柔是「絲絲秀髮，飄逸柔順」，海倫仙度絲是「頭皮屑去無蹤」，潘婷的訴求點則定為「維他命原 B5，修復髮質，改善光澤」。只有這樣，各種促銷才不會造成內鬥的局面。

## 四、通路促銷中「推力」和「拉力」的結合

企業所處產業不同，產品和服務的差異性等，都直接影響到促銷工作。促銷產生的影響力，即促銷力分為「推力」和「拉力」兩種方式。產業背景不同，企業選擇「推力」或「拉力」的方式、程度、要點，以及內外部的應用和兩種方式的配合，也有很大的差異。

在消費財行銷中，「拉力」的效果更為明顯，應用也較多。一般選擇在實體店重點促銷，以最終顧客為目標；而「推力」促銷多集中於通路上，與通路策略配合，多著眼於通路分銷商。

然而，在促銷形式、活動範圍上，策略需要與企業的地位相匹配，要符合實際。企業不能盲目跟風，對於可能帶來強烈市場競爭的促銷來說，更是如此。這關係到企業對「引領」與「跟隨」這兩個基本策略的認識和選擇。 一般來講，產業競爭優勢不明顯的企業，其促銷管理往往採用「跟隨」策略，因為促銷管理的表現形式易於模仿，非強勢企業，難以有持續的引領能力。當然，這與具體促銷方式的設計與選擇上必要的創新並不矛盾。

「跟隨」策略可以降低企業參與市場競爭的風險，同時避免將競爭引入更加複雜、難以控制的局面，使弱勢企業能在相對

平穩的環境中積蓄能力、逐步成長；相反，那些在產業中有較高地位的龍頭企業，更多採用策略性「引領」促銷，一方面獲取更強的產業地位、品牌形象和競爭優勢，另一方面，也是對競爭對手有力的打擊。

# 第六章

# 以和為貴——通路雙贏中的心理學

# 企業跨行業的「和」

對企業來說，「競合」已經不是市場中的新概念，而是策略。如今，企業樹立非敵即友的理念，可以將企業的內部資源外延化，不斷擴展企業的邊界。

## 一、競爭對手仍然可以坐下來談合作

微軟曾在某段時間內，陸續與競爭對手簽訂合作計畫，如與 Nokia、RIM 和 PalmOne，共同開發手機的即時通訊軟體。合作的目的首先是為了創新；其次，這些社交軟體的設備需要互通，需要多廠商參與，才能制定一個有共識的標準。微軟不但與競爭對手 RIM 合作，還容許另一個競爭對手 PalmOne 的作業系統運行微軟的 ActiveSync，這就是微軟 ˋ「市場競合」的精神。

新加坡國際港務集團（PSA International）一擲七十二億港幣（十五億四千八百萬新加坡幣），分別買下香港和記黃埔集團屬下，香港國際貨櫃碼頭公司百分之二十的股權，以及中遠國際貨櫃碼頭百分之十的股權。港務集團的這項壯舉，將競爭對手變成合作夥伴，令人難以置信。現代的市場已不再是企業孤軍奮戰就可以成功的環境，企業必須能審時度勢、深度合作，才能實現策略化發展。

可見，競爭與合作並不是非此即彼、勢不兩立，競爭也離不開合作，有合作才能截長補短，突破孤軍奮戰，實現雙贏。

固然，在市場經濟條件下，同行競爭在所難免。競爭與合作永遠是緊密相連的兄弟，參與合作的企業將比獨行俠式的企業，占有更大的優勢。

## 二、Panasonic、TCL 談合作

全球最大的家用電器製造商——日本的 Panasonic，曾與中國五大電器商之一的 TCL 國際控股有限公司，簽署一份多方合作的初步意向書。像 Panasonic 這樣的大型外國企業，為什麼要與中國的家電企業合作？

其實，當時 Panasonic 正處於史無前例的困境中。

在 Panasonic 的電器會長森下洋看來，Panasonic 失利的原因無外乎兩個，一種是外部原因，一種是內部原因。從外部來看，美國等國家的 IT 泡沫急速破滅，使得日本元件的出口受到極大影響；從內部來看，日本近十年經濟不景氣，技術競爭愈演愈烈，產業轉向海外逐漸成為一種趨勢，但 Panasonic 卻沒有及時跟上。

反觀 TCL，作為中國著名的家電企業，自一九八一年集團創建以來，TCL 集團已經擁有家電、通訊、資訊、電力工程四大產業，主要從事電視、音樂、影片、家庭電器、電腦、行動電話、有線電話、通訊網路設備、開關插座、照明燈具等的生產、銷售和服務。其中電視和有線電話，在中國的市場占有率居首位，其二〇〇一年稅後的營業收入為兩百一十一億人民

幣，可以說 TCL 在中國市場的經營風調雨順。

Panasonic 為了改變自己的狀況，在二〇〇二年制定出了轉戰中國「普及型」產品市場的策略，二〇〇二年的中國市場已經成為 Panasonic 的主戰場。為了進一步適應中國市場的定價規則，Panasonic 需加大成本控制。

從此次 Panasonic 與 TCL 的合作可以看出，Panasonic 圖謀的重點也很明確——通路。這是繼開發、生產、採購之後，Panasonic 將成本控制向銷售領域延伸。之前 Panasonic 由於網路限制，其家電銷售主要集中在大城市。而 Panasonic 如果想深根於中國市場，就必須借助 TCL 在中小城市的網路優勢，這也是 Panasonic 借力的關鍵。與 TCL 的合作，不僅利於 Panasonic 借用通路擴展市場，還可以更好地控制成本，利用既有資源發展自己。

那麼對於 TCL 而言，在與 Panasonic 的合作中，被 Panasonic 公司輕而易舉地拿到了自己的分銷能力，那 TCL 又換來了什麼？

用 TCL 自己的話來說，就是：「我們在這次與 Panasonic 的合作中，一方面可以學習到跨國公司的行銷方式，另一方面，在關鍵零件的採購上也將享受到一定的優惠。而且 Panasonic 的開發能力也恰恰是我們需要的，特別是影片的尖端技術合作，比如電漿技術，DVD 和 SD 的技術等。」

可以說，Panasonic 與 TCL 這次的策略性合作，互換了自己的競爭優勢，將 Panasonic 在家電領域的先進技術、產品開發能力和 TCL 集團在中國強而有力的生產、銷售能力結合，實現雙贏。比如說，Panasonic 電器在家電領域（冰箱、空調、洗衣機）經營能力較強，而 TCL 與強項卻是在電視、VCD、DVD 領域，雙方合作正好實現優勢互補。TCL 集團藉此開拓國際市場，Panasonic 則積極利用 TCL 已深入到鄉鎮市場的銷售網站，彌補自身銷售通路的不足。

TCL 與 Panasonic 的合作為我們帶來很多啟示：對於中國家電企業來說，海外市場還有很大空間；但對於中國很多企業來說，對海外經營方式過於陌生，又缺乏相應的技術研發能力。此時最好的方式，就是借助外力跨出國門，建立自己的全球行銷能力，追蹤全球市場和行業技術的新趨勢。

在海內外各類產業中，雖然技術和資本必不可少，但更重要、更直接關係到企業生死的是市場，而市場問題就中國而言，它已相對固化。要知道，提升全社會的消費能力，不是企業力所能及的事情，因此更大的市場只能在國外。

中國企業要想打開國外市場，不乏借鑑一下 TCL 與 Panasonic 的合作經驗。在中國經濟領域有一「龜兔雙贏理論」：龜兔經常相互競賽，但互有輸贏，後來龜兔合作，兔子把烏龜馱在背上跑到河邊，然後烏龜又把兔子馱在背上游過河，形成了「雙贏」。所以筆者認為，中國企業不但要吸收外企的先進技術，也可以學習 Panasonic 利用 TCL 的銷售通路，利用外企的銷售通路，在海外擴展市場。

可以說，跨國合作將成為家電業的必然趨勢。只有將昔日的競爭對手變為合作夥伴，才能突破孤軍奮戰，把自身優勢與其他企業的優勢結合，提高自己與別人的競爭力。如此看來，實現雙贏或多贏，才是最終目的。

## 企業與通路成員的「和」

不同企業的通路可以實現策略聯盟，企業與通路商也需講究「和」中求勝。在企業與通路內部典型的聯盟，就是企業成立獨立的股份銷售公司。股份銷售公司是由於企業發展受到資金限制，特面向社會融資，形成的獨立銷售單位。

獨立銷售公司，是製造與經營分離的必經之路，所謂「術業有專攻」，它讓生產企業將更多精力集中於產品研發與生產上，銷售公司將更多精力用於全方位的品牌營運與產品促銷。銷售獨立營運之後，企業發展的針對性和集中度更明確，從而使工作效率得到明顯提高。與此同時，股份化的運作模式分擔了企業品牌的風險，企業也可以借助外資，健康迅速地發展自有品牌，完美成就自身發展。

對此，我們不妨透過一個案例來分析，可以看看海爾集團的行銷通路策略：

隨著家電業的連鎖模式崛起，傳統通路迅速瓦解，但新的通路模式尚未形成。成立於一九八四年的海爾集團，經過二十多年的發展，已經成為相對成熟的企業，而其所建立的銷售網路，也為海爾的飛速發展做出重要的貢獻。

但隨著環境轉變，尤其企業的迅速擴張日益成為家電銷售的主要通路，通路結構扁平化，其中心轉向實體店市場，通路成員關係從交易型轉向關聯式，傳統的通路模式已經不能適應當代企業發展。目前家電企業的競爭已經轉為通路上的競爭。而針對這種轉變，海爾必須調整自身通路，在新型通路關係中掌握主動，從而實現企業的策略目標，即建立策略聯盟，解決企業與通路成員的衝突，以「和」字完善、控制通路，提升與新型通路的博弈能力。

## 一、海爾集團通路的發展與近況

海爾的通路建設，是一個由區域性網路到全國性網路，由全國性網路再到全球性網路的發展過程。發展初期，海爾集團從商場銷售到店，再到創立品牌專賣店的發展模式，建立起海爾的知名度和信譽。

海爾集團的多元化，以及在通路上投入的豐富資金，使它在中國的家電專賣店得以高效營運。目前，海爾已在中國首要縣城建立了品牌專賣店。在城市家電市場，也建立了完善的自控銷售網路。

海爾根據自身產品類別多、年銷售量大、品牌知名度高等特點，適時進行了通路整合。在中國每一個一級城市設有海爾工貿公司；在一級城市設有海爾中心，負責當地熟悉海爾產品的銷售工作，包括一級、二級市場零售商；在二、四級市場按

「一縣一點」設專賣店。如此，取消了中間環節，降低了銷售通路成本，有利於對零售實體店的管理。

海爾集團透過對銷售分公司——海爾工貿公司直接向零售商供貨，並提供相應支撐，還將許多零售商改造成海爾專賣店。海爾也有批發商，但其分銷網路的重點並不是批發商，而更盼望與零售商直接做生意，構建一個屬於本企業的零售分銷系統。在海爾的通路中，百貨公司和零售店是首要的分銷力量，批發商的作用很小，海爾工貿公司就相當於總經銷商。

海爾的銷售政策也傾向於零售商，不但向他們提供更多的服務和支持，還保證零售商可以獲得更高利潤。海爾的批發商不具有分銷權力，留給他們的利潤空間很有限，而在海爾公司設有分支機構的地方，批發商的活動空間更小。不過，海爾的產品銷量大、價格穩固，批發商的最後利潤仍可保證。在海爾的通路模式中，企業自身承擔了大部分工作，而零售商基本順從於製造商。

海爾通路模式的商業流程是：

（1）海爾工貿公司提供店內海爾專櫃的裝修，甚至店面裝修，提供店面展出全套、部分促銷品，甚至全套樣機。

（2）公管庫存相稱數目的貨物，還把較小的訂貨量快速送到各零售店。

（3）公司提供專櫃促銷員，負責人員的聘請、培訓等。

（4）公司市場部門制定市場推廣計畫，從廣告促銷宣傳的選材、活動計畫和實驗等工作，海爾公司有一整套團隊，零售店只需配合工作。

(5) 海爾建立的網路承擔安裝和工作。

(6) 對長期的大零售店，海爾公司規定了市場價格，對於不符規定的價格加以處罰。

## 二、夥伴型(Partner)關係通路的實證研究

「說明客戶成功」是海爾集團在流程再造中強調的理念，這也成為海爾在通路建設中依照的原則。當前，海爾的環境發生了巨大的轉變，傳統金字塔式的分銷通路僅僅作為企業經營的一個環節，通路成員間僅為簡單的交易營業，因而無法維持企業競爭力。

鑒於此，海爾對通路重新設計，即從產品銷售逐步轉向客戶服務銷售，向多層通路變化。以客戶為導向，把處理通路成員間的關係作為企業核心，以協調、溝通、雙贏為基點，與他們結成命運共同體，建立長期、彼此信賴、互利的策略夥伴(Partner)關係。

截長補短、資訊共用、風險同擔，互利互惠。透過組織良好的通路活動和團隊合作，製造商和分銷商為消費者提供低成本、差異化的產品和服務，對有限資源進行最大限度的合理配置，進而提高整個通路的業績。

傳統的通路關係中，每一個通路成員都是自力的經營實

體，以尋求個體利益最大化為目標，甚至可能將博弈變為「零和博弈」；在夥伴式銷售通路中，與經銷商由「你和我」的關係變為「我們」的關係，與經銷商一體化經營，力圖實現對通路的集團控制，使分散的經銷商形成一個整合系統。為實現企業與通路成員的雙贏，海爾與經銷商共同致力於提高銷售網路的運行效率、降低費用、管控市場。

可見，對通路的控制，是海爾實現自身策略構想的保證。培育通路時，海爾不僅僅探求合作夥伴，還要培育合作夥伴，包括對企業團體的培訓、引導、挽救和監督等。從表面來看，這會增添海爾的額外費用，但合作體系一旦確立，成本便會大大減少。

## 企業、市場、客戶的「和」

前面講述了企業——市場——客戶的人和、企業——通路成員的人和、企業——競爭對手的人和。那麼企業與內部員工之間需不需要和？很顯然這是必需。站在行銷心理學的角度可以這樣解釋：企業不僅僅要做好外部整合，內部資源也不能忽視。

接下來，透過案例來進行深刻剖析：

## 一、Nokia與肯德基合推「手機免費充電」服務

Nokia與北京二十四家肯德基，合作推出了「Nokia手機免費充電」服務，一個充電站可以供七部手機同時充電。消費者在品嘗肯德基的同時，還可免費享受Nokia的人性化服務，雙重美味讓人滋潤到心田。

在肯德基之外，Nokia還為廣大消費者提供了更多免費充電的場所。北京首都機場、廣州白雲機場、上海虹橋機場的境內出發廳，還有遍布全中國的多家Nokia客戶服務據點，都矗立著「Nokia免費充電站」的藍色身影，Nokia的手機用戶以後出門，更有理由不帶充電器。

如今的手機讓人眼花撩亂。幾十種品牌、數百種款式中，Nokia在消費者中保持了良好的品質和信譽口碑。Nokia客戶服務中心一般都位於繁華的商業地段，由設計師精心設計，風格獨特醒目。櫃檯的陳列設計舒適養眼，最關鍵的是，以「科技以人為本」著稱的Nokia，還在中心內設置了客戶休息區，配有電視、飲水機和書報架，消費者逛街累了，還可以到這樣輕鬆愉悅的場所休息，順便向店員詢問手機的使用技巧和與充電。

在有條不紊的秩序中，消費者可以切身體驗到Nokia提倡並身體力行的服務理念:「專業專注，全心服務」。從產品的研發開始，Nokia就將品質視為產品的生命，產品的高品質和低維修率，為Nokia的客戶服務營造了一個良好的開端。Nokia的客戶服務人員因而能將更多工作精力，投入到延伸服務的主動提

供和輕鬆實現上，而不是被動地陷於品質問題的維修。

遍布全中國的四百多家服務據點，Nokia 為手機用戶提供比中國「三包」規定更完善的「三外有三」保固承諾。Nokia 的客戶服務熱線為使用者提供全年無休的諮詢服務。而且自二〇〇一年年初以來，Nokia 推出、並不斷完善了一系列服務，如一小時維修、備用手機及備用附件借用、電話簿備份或轉存等。這些延伸服務的意義，在於讓每一個 Nokia 手機用戶都能真切感受到人性化服務的魅力。

Nokia 自身的產品優勢與服務優勢，為其奠定了堅實的品牌基礎。Nokia 與肯德基的合作跨越產業，一方面為 Nokia 積累了人氣，另一方面也讓我們看到，合作需要跳出產業與競爭的概念，才能實現商業資源的充分利用。

## 二、雕牌洗衣粉「和＋和＋和」而勝

如今沒有人再敢忽視雕牌了，雕牌火箭般的上升速度和真切的銷量，已經足以讓它馳騁江湖。這個奇蹟般崛起的黑馬，以強勁的勢頭一路高歌。家庭化工產業的驚濤巨浪，由於雕牌的闖入顯得更加驚心動魄。一方面，它有力阻截了國外品牌在中國的勢頭，以物超所值的優勢，讓老百姓「只選對的，不買貴的」；另一方面，當年雕牌的價格狂潮，已經有效清除了一些讓正規企業極其困擾的「雜牌軍」。

雕牌得到廣大消費者的青睞，讓經銷商追捧，卻讓競爭對手的湧起啞巴吃黃連的苦澀。很多人疑問：一個用最原始銷售方法操作的企業，竟然取得驚人戰績，雕牌如何讓競爭對手心服口服？一個算下來沒有多少利潤（洗衣粉）的企業，怎麼能持續穩定地發展，直到現在還穩居中國家庭化工市場的前列？

雕牌能夠在極短時間一路飆升的主要原因，不是廣告效應與低價格誘惑，而在於其背後強大的經銷體系。

雕牌在與經銷商簽約時，都會向經銷商承諾年底給予一定的返利，保證其一年的努力得到相應的回饋。這與有些不能兌現承諾的廠商，打擊經銷商的信心相反，和雕牌合作的經銷商彷彿吃了一顆定心丸，再加上廣告效應，更讓經銷商無須擔憂。

促銷也是雕牌給經銷商的另一個安慰。在雕牌拓展市場期間，在低價的基礎上，一百箱加贈十四箱讓人心花怒放，使一度以促銷見長的很多小牌洗衣粉也被打壓。

由於經銷商對雕牌大有信心，因此在簽約時甘願把預付金匯進雕牌帳戶。這個舉措一箭三雕：可以大大穩固製造商與經銷商合作的基礎；經銷商的預付金為雕牌的流動資金作了堅實的保證，使生產和廣告均正常運作；最後也是最重要的，雕牌抽空了經銷商的流動資金，讓經銷商因資金匱乏，無法代理其他品牌，也就確保了經銷商對雕牌的忠誠。

另外，最令我們感興趣的是：在雕牌成功的同時，其生產鏈中的代工企業也趁勢而起。

當年雕牌崛起期間，包括德國漢高公司在華的四個洗滌劑生產廠和 P&G 的兩個工廠，遍布全中國十九個省、三十家企業的生產線，都在生產納愛斯（雕牌為納愛斯集團的馳名商標）的產品。

正是依靠雕牌的委託加工合約，徐州漢高洗滌劑有限公司脫離了虧損四千萬元的窘境，轉虧為盈；甘肅「藍星」從轉虧為盈，到破該廠二十年來洗衣粉生產的歷史記錄。

不僅如此，這些委託加工企業，已成為納愛斯在全國布下的星火，不僅有效實現了產地直銷，降低了很多運輸成本，也為其將全國版圖納入麾下奠定了堅實的基礎。

從納愛斯的成功案例中，我們可以看到：企業與市場之和、產品策略帶來的競爭之和、通路帶來的內和，「和+和+和」而勝。

# 觸摸人性的需要——體驗行銷心理學

# 悄悄來臨的體驗經濟

近兩年，像「藍海」、「紅海」之類的詞頻頻出現。從字面上看，所謂的「藍海」，就是企業不走尋常路，另闢新途徑，闖出一片天空；而「紅海」，則是鼓勵企業大膽去爭鬥，殺出一片血海。

然而，無論是要與眾不同，還是在競爭中奪得先機，最主要的是什麼？當然是讓消費者滿意，這是企業搶奪市場的前提。

那麼，又一個問題出現了：企業如何才能讓消費者滿意，並提高消費者的滿意度？

## 一、消費文化對經濟的影響

經濟全球化對中國的影響日益加深，中國的消費文化也有了新的轉變。雖然中國消費者受到西方現代消費文化的衝擊，但同時也受傳統文化的制約，因此形成了既不同於西方消費文化，又不同於傳統消費文化的獨特文化。

### 1．由理性消費向感性消費轉變

受到這種觀念影響，人們在購買時不再只考慮產品功能、價格是否適合需要，而追求產品的品牌、外觀、顏色等，這些代表社會身分、經濟地位、生活情趣、價值觀念及個人素養等具有象徵性意義的內容，強調個性化的滿足及優越感。

### 2．由保守消費向超前消費轉變

中國傳統崇尚節儉、量入為出的觀念，正被適度奢侈、適度透支的觀念取代。不過，在傳統文化的框架和現行制度體系下，又不同於西方零儲蓄、大比例透支的消費觀。特別是隨著中國金融機構的改革和金融產品的創新，人們從有了足夠積蓄後才消費，轉變為現今的貸款消費，成為一種潮流。

### 3．向中西合璧消費文化轉變

隨著經濟全球化步伐的加快，跨國界的貿易、旅遊、文化交流等活動日趨增多，特別是跨國公司大量湧入中國，其獨特的管理模式和新穎的企業文化，無不透過消費文化滲透到中國的消費者群體。

中國特色的消費文化出現了新的景色：一是異域消費文化在中國登陸，並被追求時尚和新潮的一代追捧，西方消費文化已成為當今社會的文化主流；二是中西合璧的消費文化氛圍逐步形成，追求高效率、高享受等的消費文化，伴隨著跨國公司品牌文化、產品文化，逐步融入中國的消費者群體。

在這種消費文化的影響下，原以企業和競爭為主導的經濟，逐漸被服務經濟所代替，越來越多的企業開始注意到服務的重要性。隨著資訊化發展，就像服務從產品中分離出來，體驗也逐漸從服務中分離，形成所謂的體驗經濟。

## 二、體驗式行銷

在體驗經濟下，企業行銷不單是以賣出產品為目的，而是把消費者滿意度放在首要位置。所謂消費者滿意度，是指消費者對產品的感知，如果與他們的期望相等或超越期望，消費者就會感到滿意。

體驗行銷中，企業最關注的就是消費者試用、購買和使用產品後，對於所得到體驗和預期的比較結果，以及相應的行動。

如今，體驗行銷已經被廣泛應用在各行各業，如汽車、化妝品、食品、教育文化產品、旅遊、餐飲、家用醫療器械等，真可謂體驗無處不在。

那麼，企業應該如何發展屬於自己的體驗行銷？

### 1．關注消費者的個性需求

在當今時代，消費者的需求越來越個性化，消費者需要能突出自己與別人不同的產品和服務。

對於企業來說，要想滿足消費者不同的需求，最現實的問題不在如何控制、制定和實施計畫，因為這樣只能生產出大眾化的標準產品，而在於企業如何站在消費者的角度，傾聽消費者的希望並及時回應，滿足消費者。

### 2・偏向感性化的銷售

一直以來，傳統行銷都把消費者看成理智的購買決策者，並把消費者的決策看成是解決問題的過程，是在理性分析、評價後所做的決定;而在體驗行銷下，消費者既有理性又有感性，換句話說，消費者注重產品和服務品質的同時，更加注重情感的滿足。雖然消費者通常還是理性消費，但也會有對想像、感情和歡樂的追求。

如今，隨著人們生活水準的提高，情感需求也越來越大。消費者購買產品，不再僅僅出於生活的必需，更多是出於滿足情感上的渴求，或是追求特定產品與理想的吻合。

所以企業在開展行銷活動時，不僅要從消費者理性的角度考慮，更要注重消費者的情感需求。

### 3・消費者的主動參與

在傳統行銷概念中，市場應該被企業誘導和操縱，即企業生產出什麼樣的產品，消費者就購買什麼樣的產品，消費者只能消極被動地接受產品，產品的設計和製造與消費者沒有關係。

體驗行銷則不同，它注重消費者參與產品的設計、製造以及企業的行銷活動。要知道，現代的消費者越來越希望企業能夠按照他們的消費需求，開發出能與他們價值觀和生活方式產生共鳴的產品。

因此，企業需要讓消費者積極參與行銷活動過程，讓消費者充分發揮主觀能動性、想像力和創造力，使其獲得極大的滿足感和成就感。

今天我們可以清晰地看到，消費者對於消費場所的氣氛、服務以及參與程度，甚至超越了產品本身的價值。

一方面，消費者在購買產品和服務時，願意花的時間越來越少；而另一方面，消費者卻願意將大量時間放在能提供更多享受的地方，甚至是消費過程，並且樂意付帳。

這些，無不預示著體驗經濟早已悄悄地來臨。

## 人性化才是終極目標

人性化的概念已經提出多年，它隨著消費市場的成熟飽和而出現。人性化行銷，就是依照人性進行市場行銷活動，不但能更好滿足人性需求，也能夠達到企業經營目的。

這一點，國外企業一般比中國企業做得出色。如麥當勞連鎖店，當你點餐過多時，服務生會提醒你：「你點得餐差不多了，不夠再加點，吃不完浪費。」看似微不足道，卻會對消費者產生很大的感染力。

可見，在體驗行銷中，最好的方式莫過於人性化。在消費者體驗過程中，企業充滿溫情和愛心的溝通，可以很快提升消費者感受到的情感價值。

讓我們來看，在人性化方面，企業還需要具備哪些措施：

## 一、人性化產品設計

產品因人設計，從設計本質來說，在產品設計過程中，任何觀念均需以人為出發點。

然而還是有不少企業在設計產品時，是從盈利、流行趨勢，以及提高企業形象等角度下手，忽略了產品與人的關係，導致產品生命週期短，或不被消費者認可。

其實，從心理學角度來說，人的情緒和情感總是針對一定的事物而生；而對於消費者來說，他們的情緒首先是由於消費需求能否被滿足而引發，而消費需求滿足必須借助於產品實現。

顯然，以人性化為主，應作為企業首要的產品設計理念，也是每個企業應追求的崇高理想，為人類打造更舒適、更美好的生活和工作環境。

隨著生活水準不斷提高，人們對產品的需求越來越具體、個性化，企業應設計出更有個性的產品，這也是未來的發展趨勢之一。

既然產品的人性化設計是必然的趨勢，那究竟要如何實現？

### 1・造型的人性化設計

造型設計，是消費者對產品設計最關注的一面，產品的本質和特性可以因造型設計而明確化、具體化。例如燈具，傳統燈具的造型乏味，但有聰明的企業在燈具造型上下工夫：例如，曾經有一款模仿小鳥造型的燈具，燈盞兩旁安上了擬真的翅膀，在產品中融入了溫馨的自然情調，受到消費者喜愛。

### 2．產品命名人性化

企業在為產品命名時，如果採用一個具有獨特情緒色彩的名稱或符號，滿足消費者的需求，就容易激起購買欲望。例如，百事可樂、蒙牛牛奶等名稱，就符合中國消費者圖吉利的思想，很容易被消費者接受。

### 3．產品包裝人性化

包裝對消費者購買產品有很大的影響。精美、恰當的包裝就是一則動人的廣告：例如，盥洗用品的包裝多採用清新潔淨的圖案，帶給消費者清爽的感覺，體現出人性化的設計。

當然，產品售出後，企業需要做定期回饋，以了解產品是否與消費者的期望吻合，同時徵集有關改進產品的建議，加速新產品開發。

## 二、提供人性化服務

所謂的體驗行銷，就是要以服務為舞台，而服務的對象自然是消費者。只有抓住消費者的心，才能使其「體驗並快樂著」。

在競爭愈加激烈的市場中，企業必須認識到：要想獲得成功，就必須與客戶建立感情聯繫，才能創造使客戶無法拒絕的情感體驗。

因此，對從事體驗行銷的企業來說，只有用更優質、人性化的服務和體驗，才能打動消費者。消費者滿意度越高，服務的價值就越發能被體現。

那麼，企業如何才能做到人性化服務？

**1．真情投入**

服務是企業的感情投入，這就需要真正把消費者當成朋友和親人。因此，企業在設計專案和培訓員工時，要處處為消費者著想，時時為他們提供方便，使消費者感受到體驗環境的溫馨。

**2．服務細微化**

服務的細微化主要表現在細節中：例如，消費者在使用產品時，往往會出現意料之外的情況，而我們必須及時發現並提醒消費者，告知正確的使用方法，必要時還可上門服務。甚至在消費者未提出要求前，門市人員就能先替消費者做到，使消費者在體驗中得到精神上的享受。

**3．服務微笑化**

在服務業，微笑服務已經成為基本原則，要求門市人員接待消費者時，熱情待人、禮貌服務，以飽滿的情緒和微笑接待每一位消費者。微笑服務使門市人員顯得較為親切，使消費者願意與他們接觸，並感到放心。微笑可以化解消費者與門市人員間的矛盾，消除消費者不滿，避免雙方矛盾惡化。且微笑服務給人留下的情感記憶更為深刻，有利於培養忠誠的消費群體。

## 三、塑造人性化的消費氛圍

在體驗行銷服務中，設施被歸於有形展示，當消費者對企業不太熟悉時，設施和消費氛圍就是企業宣傳的第一張名片。

心理學認為：人們的情緒並非自發，而是由環境中多種刺激所引起。從消費者購買的過程分析，直接刺激消費者感官，而引起其情緒變化的環境因素，主要有購物現場的設施、照明、溫度、聲響和顏色等。

試想一下：如果購買現場寬敞、明亮、整潔、優雅，就會使消費者引起愉快、舒暢、積極的情緒體驗；反之，則會使消費者厭煩、氣憤。

其實，氛圍的營造並不需要付出高昂的代價。只要從體驗者的角度出發，多徵求他們的意見，用心設計，想消費者所想，急消費者所急，消費者滿意度自然會提高。

生活中這樣的例子很多，如超市的卡通兒童推車、大型商場設置的兒童遊樂場以及男士休息的場所等。這些看似和產品沒有任何關聯的設施，卻能讓消費者安心購物，沒有太多顧慮。

現在的企業，尤其是從事體驗行銷的企業，已逐漸意識到氛圍在行銷競爭中的重要作用。因此，各式各樣營造浪漫、樂趣的設施不斷湧現。據相關機構的一項調查顯示：精心營造設施的企業，能夠使銷量上升百分之十以上。

尊重人性、滿足人性的需求，這些是體驗企業欲順利行銷所必須具備。企業的市場權勢，正是源自滿足消費者人性需求的產品和服務，從而塑造出良好的形象，使企業長久不衰。

## 體驗行銷，賣的是「感覺」

筆者曾在前面提到過：體驗經濟所說的體驗，是從服務中所分離。在以往的服務經濟中，消費者得到產品的同時，會希望得到更多、更好的非物質享受，故出現了服務。

而現今，當消費者更希望從消費品與服務中獲得個性化體驗時，即所謂「花錢買感覺」，體驗就此悄悄出現。

正是在體驗經濟下，無數企業創造出比以往更多的收益。如迪士尼創造的童話世界、SONY 創造的未來科技、戴爾創造的消費者參與設計、麥當勞創造的歡樂行銷等，都是體驗經濟的經典之作。

而在這些成功案例中，是什麼發揮了重要的作用？就是體驗行銷的關鍵——體驗氛圍。

## 一、讓消費者找到「感覺」

「感覺」在行銷中是一個新的領域，從企業到實體店都開始意識到：影響產品對消費者吸引力的主要因素，就是「感覺」。

同時，「感覺」也影響了消費者對產品及服務體驗的結果。那麼，企業應如何利用「感覺」，創造競爭優勢？

### 1・提升視覺效果

無論在廣告、店面設計、產品形象和包裝上，企業都非常仰賴視覺因素，他們將要表達的意義透過色彩、規格和樣式等傳遞。例如，PHILIPS 的音響向來都是銀色，但這種顏色並不受年輕人歡迎；為了使外觀年輕化，PHILIPS 將其電子產品縮小，並推出不同色彩，使新產品大受年輕群體喜愛。

顏色能大大提升視覺效果，甚至能直接影響情感。有證據表明：紅色能喚醒感覺並刺激食欲，藍色則令人放鬆。如果企業的產品和服務想要使消費者放鬆，便可大量運用藍色。

### 2・美妙獨特的味道

氣味能夠激發強烈的感情，也能使人平靜；氣味可以喚醒記憶，也可以緩解壓力。一項研究發現：在觀看鮮花或巧克力廣告的同時，聞到花香或者巧克力味道的消費者，可能會花更多時間加工產品資訊，並在不同種類中試用不同備選產品。

人們對氣味的反應是由早期聯想產生，這種聯想會引起或好或壞的感覺，這也是商家研究氣味、記憶與心境之間聯繫的原因。

國外研究發現：咖啡的氣味，能喚起許多美國人童年時期母親做早餐的記憶，咖啡的味道會使他們想家。故美國的咖啡廣告，多為宣傳家庭溫馨。

### 3・播放目標性音樂

人們生活在各種聲音中，但在體驗行銷裡，要選擇明確的目標受眾：例如，行銷目標為廣大年輕群體時，現場的音樂可以比較激昂，甚至震耳欲聾；但如果目標是中年人，大部分都無法忍受這種聲音，比較適合播放舒緩高雅的音樂。

很多營業場所都會播放「目標性音樂」，比如在商店或購物中心中，有時是為了使消費者放鬆，有時是為了刺激消費者。

### 4・提供豐富的聯想

人們在實踐中常常會遇到困難，也會產生新的需求，這些困難和需求促使人們改變客觀現實，從而創造新的東西，想像就是在這種實踐活動的要求下發展。想像在市場活動中，不僅對消費者行為產生影響，也對經營者產生影響。

通常，消費者在評價、購買產品時常常伴隨想像。想像對於發展和深化消費者的認識，推動消費者購買行為具有重要的作用。

例如，消費者在選購衣服時，會把衣服搭在身上，對著鏡子邊欣賞、想像；在模擬居室環境中展示成套家具，易激發消費者對居室美化效果的想像；當消費者遇到從未使用過的產品時，就需要行銷人員介紹，透過想像來加深對產品功能的理解。只要消費活動存在，想像必然會發揮作用。企業在產品和服務中，必須切實注意到消費者的這種心態，讓消費者能引起美好的想像，誘導其購買。

## 二、施展體驗行銷的注意事項

體驗行銷並不是在任何情況下都奏效，就其本身來說，體驗行銷是在社會高度富裕、發達的情況下出現，但中國某些地區經濟比較落後，顯然不合適做體驗行銷。

當然，體驗行銷的另一個前提，需要企業有品質保證的產品和服務。多數實施體驗行銷的企業，因為產品及服務的品質、功能已做得相當出色，以至於消費者對一般意義的特色和利益已經淡化，而追求更高層次的特色和利益，故開展「體驗」。

此外，企業要想做好體驗行銷，還應該從以下幾個方面下工夫：

### 1．轉變行銷觀念

在體驗經濟下，消費者已不滿足於單純地購買產品，而更加看重購買過程中的滿足。越來越多消費者，花錢買感覺、心情、享受，或某種體驗，並為此心動。

因此，企業應轉變行銷觀念，從重視產品的功能轉向重視感覺與價值，讓消費者在消費場所得到物質和精神的雙重滿足，使體驗記憶長久保存。

### 2・開發產品的心理屬性

產品和服務的開發應與目標消費者的心理需求一致，以更好滿足消費者的心理需求。

對此，企業的首要任務，應是分析消費者的心理需求，發掘有價值的行銷機會，並在此基礎上營造與目標消費者心理需求一致的屬性。

### 3・確定體驗主題

成功的體驗必須有一個充滿誘惑力的主題，這個主題一旦確立，所有行銷活動都要緊緊圍繞這一主題運行。

體驗主題並非隨意建立，而是企業根據消費者心理需求所精心設計。且在體驗主題中，能夠簡明扼要地說明企業產品和服務的優點，讓消費者切身感受，引起共鳴。

### 4・合理運用體驗媒介

在體驗行銷中，企業要營造一種氛圍、設計一種場景，這就需要借助工具來實現。

對此，企業除了要充分利用自身資源，不斷地推陳出新，還要讓消費者融入到企業提供的氛圍中，積極參與企業設計的行銷，從而達到預定的行銷目標。

體驗行銷帶給消費者的是「感覺」，善用體驗行銷，可以使企業牢牢把握消費者的心理需求，與消費者進行有效溝通。在中國，體驗行銷已經成為行銷戰中最有力的武器，越來越受到企業青睞。

# 針對消費者的心理暗示術

世上最難以攻克的防線並非崇山峻嶺、滔滔大海，而是我們非常熟悉的心理防線。心理學家認為：每個人都有一道心理防線，而在神智清醒時，這道防線尤為牢固。

顯然，當我們想灌輸一個觀點到別人腦海裡時，除非對方樂於接受，否則難度不小；對此，心理學家教給我們一個技巧：將你想要影響的人擊昏，讓他徹底無法抵抗，只得束手就擒。

我想，心理學家這個回答，一定會讓人大吃一驚；事實上，這裡所說的擊昏，並非真正把人打昏，而是對他進行心理暗示，讓他們神志不清，甚至失去判斷能力，容易被左右。這對於行銷來說，有著極其重要的意義。

## 一、解讀心理暗示的密碼

世界上最善於用「心理暗示術」推銷產品的商人，非猶太人莫屬。作為世界上最善於經營的民族，猶太人十分清楚心理暗示的作用，往往暗示者什麼也不需要允諾，受暗示者就會做出種種「投己所好」的允諾。

對此，猶太人有句話說的好：既然是自己給自己的允諾，發生任何後果就只能怪自己，完全不能責難別人。

心理學研究表明，暗示是瓦解人類心理防線較為有效的一種手段。

例如，當眾人都稱讚你的衣服時，你就會下意識認為這件衣服真的不錯，哪怕前一刻還認為它很難看；所以我們在商場選購衣服時，身邊的店員總是不停說「這件衣服你穿起來真好看」，這就是一種心理暗示。

當然，暗示的方式還有很多種，比如一種叫「命令性策略」的暗示就很常見。這種暗示，是將暗示的內容和目的直接告訴對方，使他們產生危機感，迫使對方行動，如「數量有限，要買要快」、「清倉大拍賣」或「跳樓大拍賣」之類的廣告語。

那麼，哪些人比較容易被暗示影響？

首先從性別看，男性一般比較理性，較不易受心理暗示影響；女性則更感性，更容易被影響。所以，以女性為導向的產品，會在廣告和宣傳上添加強烈的暗示。如洗髮精廣告中烏黑亮麗的秀髮、護膚用品廣告中的嫩白肌膚，這些都可以有很好的暗示效果。

從年齡上看，越年輕的人越容易受到心理暗示影響，特別是兒童。因此，大部分生產和銷售兒童食品和玩具的企業，都十分注重商標和產品的包裝設計，他們絞盡腦汁設計廣告詞，為的就是使兒童留下深刻印象。

## 二、體驗行銷中的心理暗示策略

和其他技巧一樣，針對消費者的心理暗示也需要講究策略。暗示的過程分為兩個階段：首先是透過暗示，使消費者產生一種想法；其次，在想法的基礎上採取行動，收穫戰果。

同樣，在體驗行銷中，企業也應該針對不同類型的產品、服務與消費者，採取不同的策略。

### 1・在無意間創造機會

在企業的體驗設施內，企業不僅要注重產品的服務展示，更要集體驗、娛樂、休閒，甚至精神享受於一體，才能滿足消費者全方位的需求，使其體驗的同時，也在消遣娛樂。這種多元化經營，顯然有利於延長消費者的停留時間，就能創造更多機會，也自然調節了消費者的心理，感到體驗是一件樂事。

### 2・吸引消費者的注意力

正確發揮注意力的心理功能，以強烈、鮮明、新奇的活動引起人們注意的原理，可以實現注意力從無意到有意的轉換，引發需求。

對此，企業可以利用一些戲劇性的節目和場景吸引消費者，體現產品和服務的優勢。

### 3・合理設計廣告

要使廣告被消費者接受，必然要緊扣他們的心理狀態。失敗的廣告就在於沒有引起消費者注意，有的廣告用詞一般，內容空泛，如「歷史悠久」、「品質可靠」、「暢銷全國」、「信守合約」、「歡迎訂購」等，僅僅羅列了概念化詞句，講了半天，消費者還不知道產品的品牌、名稱和型號，這樣的廣告就難以引起注意。

### 4．以行銷人員誘導

誘導，是企業行銷人員在消費者猶豫不決時，採用的有效溝通方式。誘導如果運用得當，就會有著「四兩撥千斤」的作用。

如何對消費者的購買動機進行誘導，影響其購買行為？一般而言，要圍繞著影響消費者購買的環境因素、主要動機進行誘導。

（1）品牌強化誘導。在體驗過程中，有些消費者已經熟悉產品，並對其產生需求，卻對品牌存疑。此時，行銷人員就可以運用品牌強化的誘導，使消費者認識品牌，促進購買動機。

（2）特點補充誘導。與第一種情況相反，當消費者對某一品牌已有信念，但是對產品的優、缺點不甚了解時，行銷人員便能以特點補充的誘導，補充說明其他性能特點，也能透過品牌之間的比較分析，幫助消費者進行決策。

（3）利益追加誘導。當消費者認為企業的產品和服務帶給他們的利益有限，應利用利益追加的誘導，增進消費者的認知，提高感知價值。

（4）觀念轉換誘導。當消費者對企業服務和產品的某一觀念較為淡漠，便要採用觀念轉換的誘導，改變消費者觀念，進行心理再定位。

當然，有效的誘導除了上述方法外，還要掌握好時機。一個人的講述內容不論多麼精彩，如果時機掌握不好，也無法獲得良好的效果。

總之，面對市場上琳琅滿目的產品，消費者心中早已樹立起高高的防線，誰能攻克這道防線，誰就能取得勝利，而心理暗示術，正是企業需要掌握的技巧之一。

## 今天你感動了嗎

很多企業面臨著這樣一個問題：只要有新品牌、新概念出現，消費者就會產生嘗試、轉變的心理，變得不太忠誠了，該怎麼辦？

對此，大多數企業選擇打價格戰，試圖挽回部分消費者。因此，企業間的競爭手段越來越單一，從而影響到市場秩序；而另一邊，消費者抱怨企業只做表面文章，購買前後態度不一。

顯然，在這其中受益的既不是企業，也不是消費者；相反，兩方利益都受到不同程度的損害。原因是出自消費者身上嗎？其實，是企業沒有感動消費者。

## 一、感動是行銷的最高境界

隨著鋪天蓋地的廣告，人們很容易認識一個品牌，卻不會輕易購買它的產品；即使購買了產品，也不容易滿意，更別提品牌忠誠，因為它無法讓人感動。

無論在已開發國家還是在開發中國家、無論西方還是東方、無論科技水準或文化差異，人們都渴望感動。

拋開商業化運作，即使在日常生活中，感動也極其稀缺。每一個企業都知道，缺乏帶來需求，需求帶動市場。正因為感動稀缺，人們才更加渴望感動，也正因為這種渴望感動的需求，才誕生了體驗行銷。

想想看，有哪些記憶長期縈繞在腦海？是感動的經歷，所謂「感動一次，記憶一輩子」就是如此。

換句話說，如果企業在行銷中能感動消費者，那麼企業與消費者之間就不再是供給者與購買者的關係了，而是人與人、人與企業至誠至愛的境界，是市場經濟中人文精神、人本主義的最高體現。

那麼，與一個企業品牌素不相識的消費者，是什麼讓他感動？

### 1・回歸人性的真誠關懷

哪些事物可以讓消費者感動？是時尚的廣告、熱鬧的活動，還是華麗的包裝？

心理學家研究發現：人性都是樸素的，感動不是華麗的辭藻，只是最樸素的需求。一些生活中的尋常小事，往往能夠使很多人感動，這也顯示出社會進步、生活節奏加快使人性本源缺失。

所以，體驗行銷要想感動消費者，就應拋棄華麗的外表，回歸本源。

營造家庭溫馨，是感動消費者的常用手法。每個人都有家庭，而對於有孩子的家庭，孩子就會成為關鍵，但應該從沒看過用華麗的辭藻包裝孩子；相反，表現出孩子的單純，更容易讓人感動。

### 2・感性的訴求

在某種程度上，體驗行銷本身就是非理性，那能說品牌忠誠是理性的嗎？感動是非理性，而所謂的理性，只是給自己的非理性尋找一個理由。

同樣，消費過程也是非理性，而女性消費者非理性的成分更大，被一個新穎可愛的促銷產品感動而購買，是一個非常普遍的現象。

調查表明：非理性消費行為，也就是受打折、朋友、銷售人員、情緒、廣告等影響的「非必需」感性消費，占消費者總消費支出百分之二十，而感動是這些非理性購買的主要動機。

### 3・跟隨消費者的變化而改變

「和你一起慢慢變老」，不但能令消費者感動，也是企業追求的境界。企業需要在品牌內涵持久不變的情況下，讓品牌內涵與時俱進，使其伴隨消費者成長，深入消費者心中。

其實，消費者都希望有一個企業品牌能與自己成長，懂得自己的需求，並能予以滿足。作為企業，就要能隨時洞察客戶的需求變化，不斷推出新服務、新產品。

## 二、品牌如何讓消費者感動

很多企業單純地認為：要讓消費者感動，打廣告、做活動、做宣傳、設計就可以了；但其實，企業對消費者的感動，應該要內外兼有、由內而外。

員工、經銷商、產品、組織體系、內部機制，都是體驗的載體。因此，要想在外部感動消費者，企業內部一定要有堅實的基礎，有匹配的產品設計和市場行銷理念，才能體現品牌價值的各個維度。

對此，企業需要做好以下幾點：

### 1·適時、適當引導，提高消費者的信任程度

消費者的體驗活動過程，實際上就是決策過程，而每個消費者都希望有人能幫助、引導自己。

但由於消費者的個性及體驗目不同，在希望得到幫助的時機、程度，就存在差異。

例如，有的消費者沒有明確的購買目標，只是來享受，這時如果行銷人員主動向其介紹產品，就很可能使消費者反感。

由此可見，企業一方面要善於判斷消費者意圖，對抱有不

同目的、具有不同心理特徵的消費者，採取針對性的幫助和引導；另一方面還要爭取消費者信任，讓消費者感覺到行銷人員是真心實意的幫助，切莫使消費者感覺行銷人員是在推銷。

### 2．提供優質的產品和服務，提高消費者滿意度

感動在於使用時，產品和服務的每個細節。只有在細節中，消費者才能感受到企業的體貼入微。

如果一個產品的所有細節，都符合消費者的需求，那種至深感動，便能塑造消費者忠誠。

當然，衡量消費者購買的滿意度，不僅僅要考慮產品的使用價值是否符合消費者的需求，還要考慮企業提供的服務。企業只有在行銷產品時，同時提供完善服務，才能真正讓消費者滿意。

企業在向消費者提供服務時應注意：

（1）根據消費者的購買需求設立服務標準，並以該標準向消費者徵求意見。

（2）讓所有行銷人員掌握服務標準，並按照該標準向消費者提供服務。

（3）建立考核機制，由消費者及企業專門機構，監督行銷人員的日常服務。只有這樣，才能保證消費者獲得較滿意的服務，真正被感動。

### 3・及時、有效地交流，實現感情融通

消費者體驗的過程，也是企業與消費者資訊溝通和情感交流的過程。在這個過程中，企業應以消費者為中心，認真傾聽消費者意見，適時對消費者進行必要指導、情感交流，實現企業與消費者的雙向溝通。

如此，不僅能了解消費者的需求，還能揣摩消費者的購買動機，引導消費者購買；更重要的是，透過雙向溝通，縮短消費者與企業的心理距離，消除消費者對企業和產品的種種疑慮，實現感情融通，為消費者挑選、購買產品和服務，創造了融洽的心理氛圍，感動消費者。

其實，與其說用行銷感動消費者，不如說用真誠感動消費者。因為感動既不是企業行銷的出發點，也不是目的，只是一個節點。如果單純為了感動而行銷，消費者不是傻瓜，他們強大的防衛心理，會使感動更加稀少。故企業只要真誠待客，消費者自然會被感動。

## 消費者體驗心理調查法

對體驗行銷來說，消費者滿意度應被企業提升到策略地位，這是企業開始向「以客戶為中心」轉變的重要標誌。

但多數中國企業即使有心轉變，也無力執行。因為他們缺乏對消費者的了解、調查的能力與經驗。

消費者體驗心理調查，對體驗行銷有著決定性的作用。因

此，企業必須加強這一方面的研究，下面為讀者做一個詳細的說明：

## 一、消費者的體驗過程

消費者對企業產品和服務的體驗並非一蹴而就，而需要一個由認知到接受的過程。

對此，筆者將個人接受體驗的過程分成五個階段，即知覺、興趣、試用、評價及購買使用，每個階段都受各種因素的影響，下面就具體闡述這個過程：

### 1．產生知覺的階段

當消費者接觸體驗的剎那，由於產品和服務的刺激，就進入了知曉階段。此時，消費者只是知道有這種新事物的存在，但缺乏深入的認識。

### 2．產生興趣的階段

當消費者對體驗感到好奇時，就進入了興趣階段。此時消費者會尋找相關資訊，包括：新產品是否比既有的產品好？價格貴嗎？別人對新產品的評價如何？當然，由於個人價值觀、消息的接受方式、個性、對風險的知覺以及社會影響力各不相同，所搜尋的資訊也有所不同。

### 3・試用階段

一般來說，只有消費者在使用產品和服務並感到滿意後，才會接受。體驗行銷最重要的階段就是試用，如果消費者在試用階段對產品和服務的反應不佳，則採用產品和服務的可能性會大為降低。

### 4・做出評價

消費者在掌握一定資料、資訊的基礎上，評價體驗，並考慮是否值得購買這種產品和服務。一般來說，評價的主要目的是降低不確定性。

### 5・購買使用

消費者對試用做出滿意評價後，決定選用該產品和服務，正式購買後便會大量、重複購買，甚至樂於為產品作義務宣傳。

除此之外，企業要想得到好的體驗效果，除了要盡可能快速、廣泛地傳播體驗的資訊，還應採用一些有效手段給予刺激。

## 二、消費者體驗調查操作

了解消費者的體驗過程後，就要在這一基礎上，開展針對消費者的體驗調查。

目前，海內外心理學家和市場學家研究消費者心理活動規律的常用方法，有觀察法、訪談法和問卷法。

### 1．觀察法

觀察法，是指觀察者在自然條件下有目的、有計劃地觀察消費者的語言、行為、表情等，分析其內在原因，進而發現消費者心理現象的規律。

隨著科技的發展，觀察法可借助監視器、攝影機、答錄機、照相機等工具增強觀察效果。

一般，觀察法可分為自然觀察法和實驗觀察法兩種形式：自然觀察法，是指在完全自然的、被觀察者不知情的條件下觀察；實驗觀察法，是指在人為控制條件下觀察，被觀察者可能知情，也可能不知情。

觀察法大多是在消費者不知曉的環境進行，因為此時消費者的行為是心理的自然流露，獲得的資料更為直觀、真實可靠。

此外，觀察法更為簡便，花費較少，無論是大型企業或是小型企業都可以採用；而觀察法的不足之處，在於其具有一定的被動性、片面性和局限性。

觀察法在研究產品價格、銷售方式、商標、廣告、包裝、產品陳列、櫃檯設置、品牌及新產品的被接納程度等方面，均可取得較好的效果。

### 2．訪談法

訪談法，是透過訪問者與受訪者交談，以溝通了解消費者的動機、態度、個性和價值觀念等的研究方法。它可以在被訪問者家中，或一個集中的訪問地點進行，也可以利用電話等通訊方式與被訪者溝通。

一般，訪談法又可以分為結構式訪談，和無結構式訪談兩種形式。

結構式訪談，又稱為控制式訪談，訪談者根據預定目標事先擬定大綱，訪談時按已擬定的提綱向受訪者提出問題，讓受訪者逐一回答。

這種方法類似於問卷法，只是不讓被試者筆答。優點是運用這種方法，訪談者能控制訪談的中心，條理清晰，較節省時間；缺點是這種方式容易使訪談者感到拘束，產生顧慮，容易使受訪者處於被動地位，使訪談者只能得到「是」與「否」的回答，而不能了解受訪者內心的真實情況，訪談的結果往往深度不夠，也不夠全面。

無結構式訪談，又稱為深度訪談，它不拘於形式、不限時間，尊重受訪者談話的興趣，使訪談者與受訪者自由交談。

優點是受訪者不存在戒心、不受拘束，便於交流，能在不知不覺中吐露真實情感；缺點是採用這種訪談方法，要求調查者有較高的訪談技巧和豐富的訪談經驗，否則難以控制談話過程，不僅耗時較長，還可能影響訪談目標的實現。

而按訪談者與訪談對象的接觸方式，訪談法可以分為個人訪談和小組座談兩種形式。

個人訪談，又稱為一對一的訪談，由調查者對單個受訪者訪問，既可以採取結構式訪談，詢問一些預定問題，也可以採取無結構式自由訪談。

小組座談，也稱為集體訪談，調查訪談人員以召開座談會的方式，對一些消費者訪談。標準的集體訪談涉及八到十二名被訪者。一般來說，小組成員構成，應反映特定市場特性。被訪者根據相關樣本有計畫的挑選，並在有錄音、錄影等設備的場所接受訪問。

### 3．問卷法

問卷法，是根據研究者事先設計的調查問卷，向被調查者提出問題，並要求被調查的消費者書面回答問題，也可以變通為根據預先編制的調查表，請消費者口頭回答、由調查者記錄，從中了解被調查者心理，這是研究消費者心理常用的方法。

根據操作方式，問卷法可以分為郵寄問卷法、網路問卷法、入戶問卷法、攔截問卷法和集體問卷法等;問卷法按內容，可以分為封閉式和開放式問卷兩種。封閉式調查問卷，是讓被調查者從列出的答案中選擇，類似選擇題、是非題等；開放式調查問卷，是指被調查者根據調查者所列問題，任意填寫答案，類似填空題和簡答題。

一個正式的調查問卷主要包括三個部分，即指導語、正文和附錄。指導語說明調查主題、目的、意義以及向被調查者致意等。最好強調調查與被調查者的利害關係，以取得消費者的信任和支持。

正文是問卷的主體部分。根據調查主題，設計若干問題，要求被調查者回答，是問卷的核心部分，一般要在有經驗的專家指導下完成設計。附錄主要是有關被調查者的個人情況，如性別、年齡、婚姻、職業、學歷、收入等，也可以對某些問題附帶說明，並能再次向消費者致意，附錄可隨調查主題不同而增加。

但要注意，結構上要合理，正文應占整個問卷的四分之三或五分之四，指導語和附錄只占很小的部分。

問卷法的優點，是同一問卷可以同時調查很多人，主動性強，訊息量大，省時簡便，易於統計分析；其缺點是回收率低（一般為百分之五十到百分之六十），問卷的回答受被調查者的教育程度等條件限制，並且難以對這些材料重複驗證。

行銷心理學還有很多研究方法，前面介紹的三種方法各有優缺點。當然，在具體的工作環境下，行銷心理學的研究不一定只採用某一種方法，也可以綜合使用，以截長補短、互相印證，使結果更加可信。

# 這是一個追求個性的時代——差異化行銷心理學

# 全方位塑造品牌的差異化形象

隨著社會產品的豐富化，消費者每天面對成千上萬產品對感官和心靈的刺激，這些刺激來自超市、商場上琳琅滿目的商品陳列，來自電視、報紙、雜誌、廣播等媒體形色各異的廣告。

這些產品形成的刺激可能是感官上，也可能是心靈上。有的可以被消費者深刻記住，有的則被消費者的大腦自動遮罩。面對求新求異的消費者，企業必須建立立體化、生動化、差異化的品牌形象，提高消費者對品牌形象的關注。

任何想要快速成長的品牌，必須全方位塑造品牌的差異化形象，將差異化透過名稱、產品形象、色彩、廣告語、形象代言人、品牌標識等方面表現。比如，某一個品牌希望給人一種「時尚」的感覺，那麼，品牌就必須在產品的外觀設計、功能界定、圖案設計、品牌標誌、宣傳廣告，甚至形象代言人等很多細節上，表現出時尚的內在精神和外在形象，著力烘托「時尚」的定位。

## 一、透過產品形象差異化塑造品牌形象

品牌形象是品牌價值的延伸，品牌形象能否在消費者心目中擁有一席之地，產品形象至關重要。

品牌形象是品牌的視覺化表現，需要借助產品的品質、功能、款式、服務等產品形象展示。透過具體的產品集合，展

示給消費者對該品牌產品的視覺認知，由此認同品牌形象的風格。

任何一個沒有產品支援的品牌形象，都沒有靈魂和價值。產品是品牌的載體，品牌的任何價值都需要透過產品展現，畢竟消費者買回去的是實實在在的產品；即使產品之外的衍生價值，可以說明消費者在同類產品中個性化的選擇，但絕不會有消費者只買一個空泛的概念回家。

比如，Volvo 強調「安全」，那麼它必須透過產品的功能，實現對消費者安全的承諾。如果它只是一台老爺車，即使喊破喉嚨，也不會有消費者相信它的安全。

因此，產品形象的塑造，是品牌形象建立的基礎。當潛在消費者對產品評價很高，產生較強的信賴時，他們會把這種信賴轉移到品牌形象上，對品牌產生較高的評價，從而形成良好的品牌形象。

如果想建立與眾不同的品牌形象，在產品形象的建設之初，就要追求差異化。產品形象的差異化，是指企業在產品的性能、加工工藝、技術水準、形態、色彩、材質等方面，創造與同類產品的不同，使消費者產生不同偏好。

一般情況下，產品形象的建設，包括外在形象和內在形象。產品的外在形象可見，可以透過消費者的感官系統，如視覺、觸覺、味覺等傳達，包括產品的形態、色彩、材質，以及依附在產品上非功能性的，如產品規格、圖形和包裝等；產品的內在形象則不可見，指產品的功能、性能、加工工藝、技術水準等視覺所無法辨認，要透過操作、體驗後才能感受到。

而當外在和內在形象在人們的感官統一後，就會形成對產品的總體印象，構成品牌形象的基礎認識。

在產品的外在形象塑造差異，需要從消費者的感官入手，在消費者可見的產品的形態、色彩、材質、規格、圖形和包裝等方面塑造差異，讓消費者可以透過聽覺、視覺、味覺、觸覺、嗅覺感知。

如新加坡航空公司，利用嗅覺使消費者印象深刻，空姐都噴同一款香水，在乘客剛上飛機時發放的熱毛巾裡，也裹著同一種香味，這個味道成了該航空公司的一種獨特形象；浪莎襪業透過色彩塑造差異，與中國流行色協會聯合，首次以品牌名稱為特定色彩命名——浪莎紅，開創了中國品牌形象色彩化的時代；還有海爾的三角冰箱，以獨特的產品規格建立差異化的產品形象。

在產品的內在形象塑造差異，需要從產品的功能、性能、加工工藝、技術水準等方面，建立與同類產品的差別。這些形象雖然在第一時間無法體驗，它卻是決定消費者是否會重複購買，能否建立起對品牌形象的認同，以及對品牌的忠誠度的重要環節。

在激烈競爭的市場環境下，在同類產品中獨特的產品形象可以吸引購買者，從而建立起消費者對品牌形象的忠誠。

很多時候，企業對市場控制能力的強弱，取決於品牌差異化的程度。與其他品牌存在差異的企業擁有絕對的壟斷權，這種壟斷可以阻礙競爭企業進入該市場，或建立產業壁壘，形成競爭優勢。

## 二、利用獨特的品牌圖騰實現品牌占位

品牌圖騰是建立在品牌標識基礎上。品牌標識是品牌形象最外在的表現，每一個品牌都有獨一無二的標識，如白沙「鶴」、海爾的「海爾好兄弟」、萬寶路的「馬」、可口可樂的「紅飄帶」、雪碧的「水紋」、芙蓉王的「芙蓉花」、 麥當勞的「麥當勞叔叔」、娃哈哈的「胖娃娃」等。

一個好的品牌標識，可以對消費者形成強大的注意力和吸引力，並產生良好的品牌聯想。可口可樂類似飄帶又動感的字體和圖形，成為消費者心目中百年不衰的精神膜拜；李寧造型生動、細膩、美觀，富於動感和現代意味的標誌，傾倒了多少中高級的體育服飾消費者。

因此，要塑造差異化的品牌形象，就必須建立獨特的品牌標識，只有富有內涵、獨特的品牌標識，才能在消費者心中建立區別化的品牌印象，使品牌有機會在消費者心裡長久占位。

比如，眾所周知的可口可樂、百事可樂，它們在口味上幾乎沒有區別，而作為跟隨者的百事，如果一開始就模仿可口可樂，估計就沒有今天的百事了。所以一開始，百事就要盡可能和可口可樂相區別，讓消費者一見標誌、顏色，就知道是百事，所以才能與可口可樂並駕齊驅；同樣，萬寶路品牌形象的

成功，在於其對牛仔形象鮮明的刻畫；大紅鷹則在於對「V」形象的深刻刻畫。

品牌標識的差異化，只是品牌形象成功占位的開始，而要在消費者心目中建立起穩定、長久的品牌記憶，就要讓品牌標識在消費者心目中成為一種象徵，而不僅僅是感官意義上的個性化標誌。

當品牌標識成為消費者心目中的圖騰時，品牌標識才真正實現了品牌精神的意象化濃縮，鑄造出一個抽象、融合品牌精神個性的視覺化的象徵，只要消費者想到某個形象，就馬上會聯想到形象背後的品牌。

品牌圖騰能直接表達品牌精神，而不需要任何語言，圖騰本身即有強大的品牌聯想力，人們可以直接從品牌圖騰中感受到品牌理念、價值主張，並為之感動。因此，讓品牌標識具備品牌圖騰的精神力量，用品牌圖騰征服消費者，將是品牌持續傳遞價值的有效手段。

此外，品牌圖騰最大的價值，體現在其永恆價值的塑造力上，不會因時間而改變，它不是具體的某人或某物，而可以傳承不變，才能誕生所謂百年品牌。

產品如果僅僅是一種物品，那它永遠只是一種工具；而一旦注入了精神內涵，就成為了品牌。但由於每個消費者的消費心理和能力都不同，對品牌的看法也會不同。企業必須先入為主的在消費者心目中留下獨特的印象，才能讓消費者產生對此品牌獨特價值的需求。

# 就是要跟你不一樣

如今，大多數企業的經營狀態就好似霧裡看花，很多都會發出這樣的疑問：現在顧客都成了專家，我們接下來應該要怎麼做？要如何發展？領先的突破口在哪裡？是團隊問題、行銷問題、管理問題、還是品牌問題？

為什麼會出現這種情況？顯然，是由於企業缺乏核心價值體系。一個沒有發展主線、缺乏靈魂的企業，當然會陷入迷茫。

很多企業認為：只要自己成了名牌，一切問題就解決了。所以打廣告、運用人海戰術，甚至不惜破壞市場平衡，快速銷售；當然，在費了很大力氣後，的確能達到目標，但你會發現：實現了這一目標後，卻無所適從。

其實，解決這一困境的唯一方法，就是透過行銷創新，凸顯品牌個性，與其他品牌區分。

## 一、要與競品形成差異

選擇產品名稱時，應避免使用同類商品已經使用過，或音義相同、相近的名稱。如果不注意這點，難免會因為消費者對產品認識不清，也對企業認識模糊，造成認購困難，勢必影響產品的銷量。如「長城」、「熊貓」的命名，就易於與同名而非同類的產品混淆。

據統計，有一年杭州市有兩百一十個註冊商標，其中以

「西湖」命名的就有五十八個。用「西湖」命名，能給消費者一種共同的感覺，即可能是浙江省的品牌，而區別性、易記性、寓意性也都差不多，不可能成為某一產品及其特徵的代名詞。顯然，這對於品牌和人們認牌購物非常不利。

很多年前，我在湖南的一個水果酒公司做顧問，為他們一款六塊錢都賣不出去的酒做策劃，重新將這款果酒定位，起了一個叫「乾黃」的名字，結果以五十六元的價格熱銷。

那幾年，水果酒的市場不太好，唯有葡萄酒做出市場，其他水果酒仍然在黑暗中自生自滅，像蘋果酒、石榴酒、西瓜酒等，對身體都很有益處，但沒有一個建立品牌。他們也生產了一種以橘子為原料的酒，在市場上很不成功，六塊錢都賣不出去，庫存很多。

有了合作意向後，我們就展開調查，我們發現：這種酒口感很好，而從酒的發展趨勢看，水果酒是一個趨勢，白酒都開始降低酒精濃度。人們越來越常購買水果酒，很重要的原因就是水果酒更健康，口感更好。

隨後我們帶上一批樣品就來到北京、上海、廣州、重慶等地調查研究，調查研究的方法很傳統，就是沿街詢問，詢問的內容很簡單：

您喝過葡萄酒嗎？大都說喝過。

您喝過乾白嗎？喝過。

您喝過乾紅嗎？喝過。

那您喝過乾黃嗎？大家聽到乾黃後都很驚奇，說沒有聽過，再讓被詢問者品嘗我們的橘子酒。

接著問：您覺得我們的新產品價值多少？

北京人說五十多元，上海人說六十元差不多，廣州人說五十多元，基本上都是五、六十元。後來我們就將產品命名為「乾黃」，以五六十元的價格上市，特別暢銷。

由此可見，一個能與同類產品有效區隔的好名稱對產品的重要性。名稱可以說就是產品的一部分，同樣的產品，名稱不同，就會有著截然不同的效果。

## 二、要比競品更能體現價值

產品在選擇名稱時，要比同類產品的名稱更能體現產品價值，當然這種價值體現可以是功能上，也可以是情感利益上。如「飄柔」，能比夏士蓮、潘婷、舒蕾等同類洗髮精，更能讓消費者產生頭髮飄逸順美的想像。

再如開創排毒養顏概念的「排毒養顏膠囊」，從命名上直述產品機理，既排毒、又養顏，很好地宣傳了產品的功效；以治療腸道疾病著稱的「整腸生膠囊」，命名上揭示了產品的主治功能，直截了當；還有「珍稀胃」，一看就知道是治療胃病；「白大夫」一聽名字就知道與美白有關。

除了功能價值的傳達，產品名稱上涵蓋與眾不同的感性價值，更能使消費者有差異化的印象，促使其購買。前幾年，我替北京一家製作牛肉醬企業的產品命名，便使用了這種方法，取得了很好的市場迴響。

當時牛肉醬市場競爭很激烈，「老乾媽」、「阿香婆」、「老乾爹」、「苗姑娘」、「鄉下妹」等上百個品牌，把市場圍得水洩不通。這時我們選擇的空間很小，名字都被用得差不多了。

因此，我們從產品的文化背景入手，起了一個充滿浪漫情調的名稱「小城故事」。「小城故事」帶著點滴浪漫情懷，使牛肉醬的內外表現都有著悠香的氣味。這個名字讓北京房山的牛肉醬頓時提高格調，使產品跳出了激烈的低端競爭，站在競爭之外，迅速擴大市場。

## 三、要能適應地域差異

企業在產品命名的過程中，常常忽略了產品名稱的地域使用問題。產品名稱在不同國家的譯音曾鬧出不少笑話，最典型的例子當數一九七〇年代末期，通用汽車公司向拉丁美洲推出了一款名為 Chevy Nova 的汽車，事先沒有進行取名諮詢，故他們不曉得：Nova 在西班牙語中是「走不動」的意思。

有的公司甚至因譯音問題，使產品在他國大敗而歸。在一九八〇年代，一個德國啤酒公司在西非推出一種新產品，將其命名為「EKU」，結果這牌啤酒在西非的銷售情況很不佳，只有一些在西非的外國人，和當地的一些部落成員會買這種啤酒，一個重要部落的全體成員卻都不買。該公司用了兩年時間才發現其中的原因：原來，「EKU」在這個部落裡是排泄物的俚語，隨著這個俚語的傳播，購買這種啤酒的其他部落成員，甚至外國人也減少了，這個產品名稱最終當然被取消。

還有熟悉的可口可樂，最初進入中國市場時也因為名稱問題一度影響銷量，還好及時被糾正。早在一九二〇年代，可口可樂就曾經在中國推銷過產品。當時他們設計市場行銷策略時，就希望將產品的英文名稱音譯為中文名稱。

但是，公司的翻譯卻另外找了一組中文命名，使其聽起來更像產品的名稱，結果弄巧成拙。他們將這些中文寫在瓶子上推向市場。可想而知，這種翻譯使產品的銷售情況低迷。

原來，這一組中文譯名的意思是「一種蠟溶飲料」或「蠟蝌蚪」；後來，可口可樂公司又在中國進行市場行銷，其飲料瓶上的中文名稱，是英文名稱的音譯，意思是「即可口又快樂」。這是可口可樂公司總結寶貴教訓的結果，該公司從以前的銷售經驗中，明白了產品名稱至關重要。

許多跨國公司在海外銷售產品時，都經歷過產品名稱導致的麻煩，為產品命名非常勞神，因為一不小心，這個名字可能在另一種語言中有冒犯的含義，或與粗俗笑話相關，或與他人名稱聽類似，這些都會影響公司形象和產品銷路。

因此，在為產品命名時，要認真計畫和研究潛在市場，因為修正產品名稱，和改良產品及包裝一樣重要。

# 用差異化贏得新一代

在中國，新一代消費群體多指一九八〇後、一九九〇後的青年，年齡介於二十歲至三十歲之間，這個年齡層的人大約有三億多，約占全中國總人口的四分之一。

這一階段的人較有創造性和獨立性。他們敢做敢為、追趕時代潮流，同時也有可觀的經濟收入，青年不僅已經形成一個巨大的市場，也是一個有無窮潛力的消費群體。

因此，研究青年消費者的消費行為特點，對於企業開展針對性行銷十分重要。

## 一、年輕一代的消費心理

隨著科學技術在社會發展中越來越重要，青年的創新能力和知識優勢為他們帶來豐厚的經濟收入，使他們開始追求衣、食、住、行、學各方面的現代生活方式。凡是能夠滿足這方面消費的產品，都能引起他們的興趣，激發其購買動機。所以青年消費市場，是所有消費市場中消費能力最強、市場潛力最大的市場。

### 1・追求時尚，嘗試創新

年輕人較為典型的心理特徵，就是思維敏捷活躍、追求新潮，對未來充滿希望，具有冒險和創新精神。任何新事物、新知識都會使他們感到新奇、渴望，並大膽追求。這些特徵反映在消費心理，就是追求新穎與時尚，力圖站在時代前列，引領消費新潮流。

青年消費群體往往是新產品、新消費方式的追求者、嘗試者和推廣者。例如，青年是追求時尚的第一線人，也是資訊科技、化妝品、服裝、零食等時尚產品，最主要、最有實力的購買群體。青年群體目前成為線上購物和信用卡消費的主力軍，他們率先享受新型購物方式帶來的便利和樂趣。

### 2・追求個性，表現自我

處於青春時期的消費者自我意識迅速增強，追求個性獨立，希望確立自我價值，塑造個性形象，因而非常喜愛個性化的產品，並力求在消費活動中充分展示自我。

以 Nike、可口可樂、三星、Apple、星巴克、Sony Ericson 為代表的成功品牌，迅速崛起的背後反應的是「新新人類」個性消費文化的極速擴展。正是依託於他們張揚個性、背逆傳統、追求自我、追隨時尚的文化特徵，這些品牌成功建立起以他們「時尚個性，消費文化」為內核的品牌內涵，塑造了「時尚、快樂、青春」的品牌個性。

### 3・科學消費與衝動性購買並存

青年消費群體的消費趨於穩定成熟，在追求時尚、表現個性的同時，也要求產品貨真價實、經濟實用。

由於青年群體大多有一定教育程度，接觸資訊多，在選購產品時，有獨特眼光，購買行為成熟；但同時，在少年到成年過渡階段的青年消費者，並未徹底成熟，加上閱歷有限，思想傾向、志趣愛好還未完全穩定，行動易受感情支配，表現為青年消費者易受客觀環境影響，經常會有衝動性購買行為。

同時，在購買時容易感情用事，直覺告訴他們產品好，就會產生積極的情感，迅速購買。靠直觀選擇產品的習慣，使他們特別看重產品的外形、款式、顏色、品牌和商標，往往忽略產品的內在品質、價格、是否會很快過時等問題，這也是衝動型購買的一種表現。青年消費的衝動性，對那些剛入市的新產品而言，無疑是促銷的最佳著眼點。

### 4·具有超前的消費意識

年輕人消費觀念新穎，時代感強，加上追求個性和展現自我，在消費中也常常表現出一些消極的心理，如貪圖享受、虛榮性強，在青年學生群體中，表現尤為突出。一項大學生消費行為調查表明：大學生總體消費行為健康，但存在享樂消費、攀比消費和盲目從眾的現象。

對於走上工作崗位的青年來說，他們的超前消費意識或許更具積極意義。許多青年群體戲稱自己為「房奴、車奴、卡奴」，反映了青年群體在追求消費的同時，也依靠自身的努力奮鬥補償透支。

## 二、面向青年消費者群體的行銷心理策略

企業要想爭取到青年消費者群體，必須針對他們的心理特徵，制定相應的行銷心理策略：

### 1．滿足青年消費者多層次的心理需求

產品的設計、開發要能滿足青年消費者多層次的心理需求，以刺激他們的購買動機。青年消費者進入社會後，除了生理、安全的需求，還產生了社會交往、自尊、成就感等多方面的精神需求。

企業開發的各類產品，既要具備實用價值，更要滿足青年消費者不同的心理需求。比如，個性化的產品會使青年消費者感到自己與眾不同；名牌包、時裝會表現擁有者的成就感和社會地位感，特別受到青年消費者的青睞。

### 2．開發時尚產品，引導消費潮流

青年消費者學習、接受新事物快，富於想像力和好奇心，在消費上追求時尚、新穎。流行不斷在變化，而企業要適應青年消費者的心理，開發各類時尚產品，引導青年消費者消費。

### 3．注重個性化產品的生產、行銷

個性化、與眾不同的另類產品，被青年消費者稱為「潮」而大受歡迎。企業在產品的設計、生產中，要改變傳統思維方式，面向青年消費者。尤其是服裝、裝飾品、書包、手提袋、手機、MP3 等產品的設計生產，要改變千篇一律的大眾化設

計，尋求獨特，樹立消費者的個性形象。

同時，在市場銷售過程中也應注重個性化，如在商場設立形象設計顧問，幫助消費者挑選化妝品、設計髮型；在時裝銷售現場，幫助青年消費者個性化的著裝，推薦購買衣物和飾品。

**4．縮小差距，追求產品的共同點**

青年消費者由於職業、水準的不同，產生了不同的消費階層，購買選擇也因收入不同而有所差別。

但年輕人好勝、不服輸的天性，又使這種差別不十分明顯。例如，城市中年輕人結婚的臥房布置，也廣為農村青年模仿，房屋裝修、家用電器一應俱全；但產品品牌、品質還是有所差異。

企業在開拓青年消費者市場時，要考慮到這些不同的特點，生產不同等級、不同價格的同類產品。這些產品在外觀形式上差別不大，但在品質、價格上能有多種選擇，以滿足不同生活水準的青年消費者需求。

**5．做好售後服務，推動市場**

青年消費者購買產品後，往往會在使用後與他人的評價，評判購買行為，將購買預期與產品性能比較。若發現性能與預期相符，就會達到基本滿意，進而向他人推薦產品。

而如果發現產品性能超過預期，就會非常滿意，進而大力向他人展示、炫耀，以示自己的鑑別能力；相反，若發現產品沒達到預期，就會失望不滿，散布產品的否定評價，影響這種產品的市場銷路。

企業在售出產品後，要收集相應資訊，了解消費者的回饋以改進產品。同時，要及時處理好消費者投訴，以積極的態度解決產品問題，使青年消費者對企業服務感到滿意。

總之，企業在青年消費市場上開展行銷活動，一是要把握青年的消費內容，二是要符合青年的消費行為。產品必須符合青年一代的審美觀，宣傳必須有活力，並具有很強的情緒感染力，行銷活動必須標新立異且跟上潮流。

# 第九章

## 網路行銷，向左走，向右走——網路行銷心理學

# 網路行銷——從「非主流」到「主流」

行銷是企業的頭等大事，對此，大部分企業將重金投放到廣告上，花費大量的人力和物力在公關活動。然而近幾年，企業都驚訝地發現：無論在報紙和電視上投放多少廣告，或準備多麼精緻的活動，反響卻越來越低，這是為什麼？

原來，隨著網際網路的普及，一些傳統的行銷方式正逐漸失效。企業必須要看到，網際網路不但改變了世界，也改變了企業的行銷環境。

因此，企業一方面要轉變觀念，提高對網際網路行銷的認識；另一方面，也要學會善用網路行銷，以為企業在市場環境中找到出路。

## 一、超越傳統的網路媒體

網路行銷之所以迅速發展，一方面歸功於網際網路的普及，一方面也源於企業間的競爭。隨著市場競爭加劇，各行各業都出現了行銷困境，面對這一境況，企業需要有一種影響更廣泛、更快捷、更低廉的媒體開展行銷。而目前符合這一要求的媒體，非網際網路莫屬。

那麼，與傳統媒體相比，網際網路有哪些優勢？

### 1‧表現形式豐富，費用合理

與網路媒體相比，傳統媒體在表現形式上過於單一。

尤其是紙質媒體與戶外媒體，以文字傳播或圖片傳播為主，極度缺乏個性化，且不能全面滿足受眾的閱讀需要。而廣播媒體則以聲音傳播為主，在視覺上缺乏直觀、生動的形象。

雖然電視媒體具備了聲畫結合的特點，表現形式比其他媒體豐富，但電視媒體費用昂貴，並且傳播時間短，一般只有五到三十秒，很難傳達更多的資訊。

### 2．可以與消費者及時互動

傳統媒體在資訊傳播的過程中，幾乎都是單向傳播，即媒體向受眾傳播，缺少受眾的資訊回饋這一環節，受眾只能被動地接受資訊，缺乏公開發表意見的途徑。

網路媒體則不然，受眾可以隨時發表意見，最大化體現自己的參與，是一種主動性互動。而這種互動對於讀者心理上的滿足，是傳統媒體無法比擬的。

### 3．傳播效果易於監控

傳統媒體在傳播資訊時，一般都屬於強迫性質，受眾沒有選擇的權利，也就無法確切計算哪些是核心受眾，關注的重點又在哪裡，當然也無法監控到底多少人接收到了資訊。

而網路媒體可以透過監控流量和回饋資訊，清晰地顯示出資訊傳播的效果，也有利於企業認識自己的各方面不足，以便改進。

### 4·資訊傳播效果便於控制

在傳統媒體發布資訊的企業，一般都面臨著邊際效益低的困擾：例如，報紙等紙質媒體不斷增版，由原先的幾版到幾十版，再到上百版；而電視媒體的陣營也不斷擴大，頻道已經由幾個增加到幾十個。

顯然，當傳統媒體向受眾提供大量資訊的同時，廣告或公關的邊際效益自然也相應遞減。而在網路中，如果受眾有某方面的需要，就會主動搜尋企業的資訊，而企業可以把資訊發布到受眾比較關心的網站和論壇、專門的網站，使一般受眾看到。

## 二、逐漸壯大的受眾群體

行銷推廣是企業行銷活動中最重要的一環，它解決消費者「購買決定」和「購買選擇」的心理問題，只有當消費者的心理問題解決後，企業才開始執行。

同樣的，網路行銷作為行銷的一種模式，也脫離不了這個框架。因此，企業必須對網路消費群體有大概的了解。

### 1·獨特的閱讀習慣

目前，網路利用其便捷性、互動性、時效性，以及表現形式的多樣性、娛樂性，正逐漸改變受眾的閱讀習慣。雖然傳統媒體依然還有資訊採集方面的優勢，但網路媒體透過與傳統媒體間「互利」性的內容合作，使傳統媒體內容上的優勢逐步喪失。

據大陸央視市場研究公司對中國三十六個城市的調查結果：自二〇〇一年後，傳統紙質閱讀率呈連續下降，而線上閱讀率以及網民接觸網路的時間正逐年翻倍。

可見，隨著網路的發展和普及，傳統媒體的目標受眾正逐漸減少，由於失去了數量龐大的行銷對象，傳統媒體的行銷效果也就慢慢弱化了。

### 2・以核心受眾為主

我們常說的核心受眾，一般指年齡在二十五到四十五歲之間，學歷在大學以上，並且月收入兩千元以上的人群，因為這類人群正是各類消費財的主要消費群體，也是絕大多數行銷的目標受眾。

然而目前，核心受眾已經逐漸遠離傳統媒體，並向網路媒體集結，導致傳統媒體的核心受眾比例下降，即使是傳統媒體中最為強勢的電視媒體也不例外。

據調查顯示：在電視媒體中，年輕受眾有明顯的下降趨勢，而四十五歲以上的受眾則占據了大多數，但這些人的購買力相對較弱，消費需求不是很旺盛，很少有衝動性消費。

與此相反的是，網路媒體漸漸積聚了眾多核心受眾。有資料表明：網際網路用戶中，十八到三十五歲的年輕受眾比例為百分之六十，三十六到四十歲的為百分之八點七，四十一到五十歲的為百分之七點八，五十歲以上的為百分之三點九。同時還有資料表明：都市白領正逐漸成為網際網路使用者的中堅力量，網路已成為他們工作、生活不可或缺的工具。顯然，這些人群正是行銷的核心受眾，他們普遍具有收入高、購買力強、消費需求旺盛的特點。

直至今日，網路經過社會的接受、習慣再到依賴，已經成為社會生活不可缺少的一部分，而網路消費作為一種潮流，將被消費者依賴，網路行銷也必然會引發新的行銷變革。

## 湧向主流的網路消費群體

根據中國互聯網資訊中心（CNNIC）發布的資訊顯示：截至二〇一一年六月底，中國網民規模達到了四點八五億，較二〇一〇年底增加了兩千七百七十萬人。

隨著網際網路的迅猛發展，對企業的行銷環境產生了重大影響。一方面，隨著網民人數的劇增，受眾閱讀習慣改變，企業無法再忽視網際網路的巨大力量和蘊涵的無限商機；另一方面，網路行銷推廣的超強互動性、靈活多樣的表現形式、可量化的傳播效果以及傳播資訊的可積澱性，使得網路行銷的魅力彰顯無遺。

如今，越來越多企業將目光由傳統行銷轉向網路行銷，網路行銷成為企業青睞的行銷利器，這就要求企業深入了解網路消費者的心理。

## 一、影響網路消費者購買決策因素

通常，影響網路消費者購買決策的因素，主要集中在態度、滿意度、風險、隱私的關注程度幾個方面。

對此，下面對這幾個因素進行重點分析：

### 1．對待網路消費的態度

這一點，是影響消費者網路購物決策的主要原因，對於那些網路消費積極的消費者，他們更容易做出購買決策。

除此之外，消費者對待網路消費的態度還表現在：

（1）消費者態度，將影響其對網路產品和購物方式的判斷和評價。

（2）企業態度影響消費者對網路消費的學習興趣與效果。

（3）企業態度影響消費者網路消費的意願，進而影響購買行為。

### 2．網路購物經驗及滿意度

許多網路消費者的購買決策，建立在先前的網路購物經驗上，對於他們重複網路消費有很強的影響。

同時，網路消費者對網路商店服務品質的滿意度，也會影響消費者是否再次光顧該網站以及消費意願。往往網路消費者放棄網路購物的原因，主要是因為對網站不信任、怕受騙、擔心產品品質問題和售後服務等。

### 3・網路消費風險

由於網際網路路具有開放性、虛擬性、數位化等特徵，所以網路購物與傳統購物相比，消費者的購物風險較大。

在網路購物中，消費者與商家無法面對面，雙方間的交易透過網路虛擬空間進行;同時，網路購物不能像傳統購物那樣，滿足消費者觸摸、比較的需要，從而使消費者感受到更高的風險。

### 4・對個人隱私關注程度

通常，消費者在網路消費時，需要提供一些個人資訊，多數人都會擔心這些個人資訊可能被商家利用，侵害個人隱私，這也是阻礙網路消費的主要因素。

## 二、影響網路消費的環境因素

相對於傳統的消費模式來說，網路消費提供了更豐富的產品和更誘人的價格；同時，消費者足不出戶便可購物，這種省時、便捷的交易模式很吸引消費者。下面就詳細探討環境因素對網路消費的影響：

### 1・更為便宜的價格

曾有機構對網路消費者調查，結果顯示：約有百分之八十五的消費者在網路購物時，最關注的是價格，可見有競爭力的價格，是刺激消費者網路消費的重要因素。

### 2・有名氣的品牌

由於網路消費風險較大，因此消費者會很謹慎地做出購買決策，盡力避免不必要的損失。為了降低風險，選擇有名氣的品牌，成為消費者經常會採取的措施。

因此，大多數消費者會選擇網路購物的知名品牌，而不願購買從未聽說過的品牌。同時這也表現在，網路消費者願意在知名度較高的網站和網路商城中購物。

### 3・簡潔方便的網站設計

作為網路交易平台，網站有著非常重要的作用。就像我們在現實中購物，店面決定著對消費者的吸引力，而整潔有序的店內布置，也能減少消費者的麻煩。

同理，網路消費者喜歡能提供有用資訊、個性化內容的網站；此外，介面的清晰度、瀏覽的方便性和有效性不僅會影響消費者的決策，同時也能極大縮短消費者線上搜尋的時間，顯著的影響消費者流量和產品的銷售額。

### 4・產品特性

產品的類型也很容易影響消費者的購買決策。像書、CD 等特徵比較容易被評估的產品，購買風險較少，消費者比較容易做出購買決策；而像衣服、首飾等特徵沒有非常明確的產品，則相反。

### 5．良好的售後服務

由於網路購物的特點，售後服務如物流環節也會影響網路消費者的消費決策。當購買的產品能夠較快送到消費者手中，對網路商店的滿意度會提高，從而影響他們再次購買該店產品。

此外，當網路商店對消費者提出的問題能較快反應時，也會提高消費者對網路商店的信任度，最終影響網路消費者的消費決策。

網路的日趨普及，網際網路的受眾不僅僅在「量」上領先傳統媒體，同時部分消費能力較強的受眾也集結在網路媒體上，使網際網路媒體在「質」上與傳統媒體縮短了差距。

網際網路的地位已經產生了根本性的變化，是任何企業都不能忽視的存在，網路消費者也必將成為主要關注對象。

## 利用搜尋引擎，讓客戶最先看到你

隨著網際網路的迅猛發展，企業的行銷環境也產生了重大改變，必然會帶來行銷方式的變革。

據網際網路媒體調查機構提供的一項「全球搜尋引擎使用調查」顯示：全球約有百分之七十六的訪問者，在網際網路上透過搜尋引擎或其他入口網站，查詢相關資訊，一個小型網站約百分之八十以上的日訪問量來源於搜尋引擎。

可見，當訪問者透過搜尋引擎查找相關網站時，網站如果能在搜尋結果中名列前茅，則其鎖定潛在客戶的機會較競爭對手更大，而聰明的企業，絕不會放棄這一機會。

## 一、搜尋引擎的競價排名

搜尋引擎的競價排名，由美國搜尋引擎 Overture 於二〇〇〇年首次採用，它是一種隨著網路搜尋技術發展而興起的一種新興網路廣告形式。

具體做法是：企業在購買該項服務後，註冊一定數量的關鍵字，按照付費最高者排名靠前的原則，搜尋引擎自動將購買了同一關鍵字的網站，按順序排名，出現在相應的搜尋結果中。當使用者透過搜尋引擎搜尋關鍵字時，搜尋引擎會對關鍵字進行上下文分析，將使用者的搜尋結果展示在頁面上，從而將產品或服務有效地推薦給目標客戶。

這種方式與固定付費廣告相比，更受企業的青睞。首先，搜尋引擎競價排名一般按效果付費，廣告費用相對較低，點擊單價完全由企業自行決定，廣告成本更容易控制。

同時，競價排名的管理方式更為靈活，企業可以自由設定關鍵字，設定單日最高消費，指定投放地域和投放時間段等，企業更容易鎖定目標消費群體，使廣告資源的利用更為高效合理。

最後，廣告出現在搜尋結果頁面，與使用者檢索內容高度相關，加強了廣告的定位。出現在搜尋結果靠前的位置，容易引起用戶的關注和點擊，效果比較顯著。

要知道，按照搜尋引擎自然搜尋的結果排名，企業的推廣效果有限，尤其在自然排名不佳的網站，競價排名可以很好地彌補這一劣勢。

最重要的是，企業透過搜尋引擎，可以對使用者的點擊廣告情況進行統計分析，以掌握更多有用資訊。

當然，中國的搜尋引擎有很多種，企業可以根據自己的需要選擇。

目前，從中國互聯網資訊中心（CNNIC）的資料顯示：在中國用戶首選的搜尋引擎中，百度的市占率達到了百分之七十四點五，占搜尋引擎市場的七成以上；谷歌（Google）的市占率是百分之十四點三；雅虎（雅虎搜尋、阿里巴巴地址欄搜尋）的首選率為百分之二點一；其他（如搜狗、新浪搜尋、網易有道、搜搜、中搜、MSN 搜尋等）為百分之九點一。

## 二、搜尋引擎的利用技巧

用相對比較少的投入，達到理想的競價排名，是企業的行銷推廣目標，那有哪些事項需要注意？

### 1・選定區域，有的放矢

企業可根據推廣計畫選定區域，使被選定地區的使用者看到相關推廣資訊。毫無疑問，在選定區域投放關鍵字，可以為企業大大節省推廣資金。

不僅如此，選定區域投放後，有時反而可以獲得更好的排名：比如，某企業推廣某一產品，如果只選擇面向北京推廣，出十元的競價，反而會比同樣出十元，但在全中國推廣的排名更靠前。

大部分搜尋引擎針對全中國，實際上很多企業並不做全中國的業務。因此，區域投放功能，可以讓企業有的放矢選擇自己的業務區域，為企業省去甚至高達百分之九十的花費。

### 2．設定每日最高消費額

為了有計劃地控制推廣費用，企業可以選擇限定每日最高消費。當企業開啟了該項功能後，企業在百度的當日消費額達到限額時，企業設定的關鍵字將被暫時擱置，到第二天某一時段，被擱置的關鍵字才會自動生效。

當然，這一功能對於企業來說，有利有弊，企業一定要根據自身的實際情況設置。優點是，該項功能可以使企業有計劃地控制支出；缺點是，當天消費達到限額時，關鍵字推廣就自動下線，這樣有可能錯過很多潛在的商業機會。

### 3．科學合理地設置關鍵字

企業剛開始投放時要少提關鍵字，摸索推廣的技巧，並控制預算。當對關鍵字廣告的運作熟悉後，再增加關鍵字，以達到最佳效果。

企業在設置關鍵字時，要根據行業特性，確定是否在關鍵字前加上區域名稱。一般來說，加上區域名稱後，搜尋的使用者目的性更強，不過廣告費用會因行業性質不同而變化。

有的企業加入區域名稱後，每月廣告費會減少，例如「家具」和「北京家具」同樣在北京做推廣，「家具」的每月推廣費會比「北京家具」少一千元左右。原因在於，加了區域名稱後受眾更加細分，競爭也更加激烈，這點由行業性質所決定。

有的企業則因為設置關鍵字時，沒有添加區域名稱，導致廣告支出大大增加。如北京一家做幼兒家教服務的公司，以「幼兒家教」做關鍵字競價排名，剛投了三千元，第二天就已經花了大半，就是因為沒有在關鍵字前加上「北京」這個區域名稱。

此外，在關鍵字前加上產品類別、型號等產品屬性，也會更加精準地鎖定潛在客戶。

### 4．重視資訊發布的標題、內容描述

企業在設置標題和描述內容時，要根據關鍵字和企業產品的情況，盡可能吸引目標受眾，爭取潛在客戶。

在設置標題時，要盡可能增加關鍵字，這樣在搜尋結果中，標題的關鍵字都會標紅，給目標受眾視覺上的衝擊感；在描述內容時，要盡可能把發布空間填滿，同樣盡量使用關鍵字，從面積和色彩上吸引目標受眾。

還有一點必須指出的是：在標題或內容描述中，最好留下手機或分機電話，因為有的客戶只是詢價，並沒有打算到企業網站詳細了解情況。所以直接公布聯繫方式，除了方便客戶在

第一時間聯繫，還可以為企業節省廣告費用。

### 5．根據產業和產品性質合理定位排名

企業在為關鍵字競價排名時，要根據產業屬性和產品特質選擇排名位置，以高性價比為第一原則，沒有必要片面地追求第一。

一般來說，對於服務型或快速消耗品類的企業，如買賣機票、家政服務、農場民宿等，排名相應地越往前越好。從實際效果來看，排在首頁第三到七名之間的性價比最高。

如果是生產機械等大型產品的企業，由於產品價格不菲，再加上程序複雜、環節多，關鍵字排名就沒有必要太靠前，只要在第一頁出現就行。因為客戶在購買此類產品前，肯定會多方比較，絕不會單看到最前面的四條資訊，就輕易做出購買決策。

不要小看了搜尋引擎，想想看：如果世界上存在著一個能夠容納上億人的展會場所，那麼這個地方無疑是商業的天堂、企業的金礦、產品銷售的溫床，哪怕它的展位報價是天文數字，商人也趨之若鶩。

可惜，現實中沒有一個展場能裝下這麼多人；但網路卻可以實現，這就需要企業善用搜尋引擎，才能在網路舞台上大放光彩。

# 借助網路，用「事件」將企業塑造為社會「焦點」

二〇〇八年註定是讓人難忘的一年：地震、奧運、金融危機……有太多詞彙震撼著我們脆弱的神經。如奧運的成功舉辦，讓不少企業藉機風光，也讓我們感受到奧運經濟的威力。

最早將奧運和經濟聯繫，是一九八四年的美國洛杉磯奧運。由於商界奇才彼得尤伯羅斯的操作，使這屆奧運成為「第一次賺錢的奧運」。自此，奧運經濟逐漸成為商家關注的焦點。

同樣的，二〇〇八年的北京奧運也吸引了無數商家關注，面對中國巨大的市場，各個別出心裁的奧運行銷使奧運更像是一個品牌表演的大舞台。

也許很多人還記得這一幕：當非奧運官方贊助商的李甯公司創始人，像魔術師般在空中行走，並點燃奧運火炬時，全場氣氛達到了最高潮。

對此，《華爾街日報》如此評價：「這或許是奧運史上最成功的一則免費廣告。」

## 一、網路事件行銷

談到事件行銷，就必須要提到網路。因為現實中很少有企業能夠製造出讓所有媒體都關注的事件，而要想借助大事件，除了考慮競爭成本，比如說奧運的贊助商，還要考慮事件本身的因素，比如事件是消極還是積極，與企業的產品是否有關。

而網路則不同，網路不但可以加速事件傳播，也更容易被控制，同時網路行銷成本低、見效快，相當於「花小錢辦大事」。

隨著市場競爭的升級，充分利用網路事件行銷，已成為企業流行的一種公關傳播與市場推廣手段。

一般，網路事件行銷是指企業透過策劃、組織或利用具有名人效應、新聞價值以及社會影響的人物或事件，透過網站發布，吸引媒體和公眾，從而提高企業或產品知名度、美譽度，樹立良好的品牌形象，達到促進企業銷售的目的。

可以說，網路事件行銷的本質，是將企業新聞變成社會新聞，引起社會廣泛關注的同時，將企業或產品的資訊傳遞給目標受眾。

在網際網路時代，不管企業有意還是無意，任何一起行銷事件都必然會在網路媒體上二次傳播。網路媒體的廣泛傳播，也使事件進一步聚焦。因此在網際網路時代，幾乎所有的事件行銷，都屬於網路事件行銷。

企業若想成功的事件行銷，必須把握好幾個核心要點：

### 1．事件要有新聞點

新聞點就是新聞關鍵。網路事件行銷要想獲得成功，就必須有新聞點——社會的熱門事件，或者新奇、有趣，前所未聞的事情。有了好的新聞關鍵，就抓住了媒體與受眾的眼球。

一般來說，大多數受眾對新奇、反常、有人情味的東西比較感興趣。如富亞公司老闆喝油漆，曾引來滿堂喝彩，轟動整個北京城。最初，富亞公司是準備給小貓小狗喝油漆，宣傳產品的健康、環保，不料遭到動物保護協會反對；老闆情急之下就把油漆喝了。這一事件被中國媒體爭相轉載，滿足了人們對新聞新奇性的追求，也使富亞公司的產品銷量大增。

### 2・事件與品牌要有聯結點

網路事件行銷不能脫離品牌的核心理念，必須和企業品牌的訴求聯繫，才能達到行銷效果。只有品牌與事件聯結自然流暢，才能讓消費者對事件的熱情轉移到企業或產品上。

例如，萬寶路贊助 F1 賽車二十餘年，一是根據相關性原則，此活動符合其品牌核心價值，賽車的刺激、驚險、豪放，正是其品牌個性，目標人群也對此感興趣；二是領導性原則，F1 與萬寶路的市場地位一致，強化了其全球領導的印象。

### 3・事件要緊抓「公益」關鍵字

事件行銷想成功，就必須牢牢抓住「公益」的關鍵字。因為「公益」是一種社會責任，沒有公益性的行銷方案，就失去了社會意義和號召力，自然就沒有受眾參與，也就不可能達到行銷目的。

在這裡不得不提的是王老吉抗震救災的捐款。二〇〇八年五月十八日，在大陸央視舉辦「愛的奉獻——二〇〇八抗震救災募捐晚會」上，王老吉宣布，向災區捐款一億人民幣。「一鳴驚人」是那場晚會上王老吉最大的收穫，這可能比投放幾個億的廣告效果都好。王老吉的成功，就在於其抓住了「公益」的關鍵字。

### 4．事件要形成整合傳播之勢

事件行銷是為了提升品牌，因此企業在宣傳事件時，要整合各種傳播手段，放大事件的傳播效應，將資訊準確、完整、迅速地傳達到目標人群。

如在「二〇〇五快樂中國蒙牛酸酸乳超級女聲」的活動中，蒙牛全方位的宣傳，電視廣告、網路宣傳、戶外廣告、促銷活動等及時跟進。蒙牛酸酸乳事件行銷的成功，也是整合行銷傳播的成功。

## 二、操作事件行銷

目前，企業借助網路事件行銷的操作方法，一般有「借勢」和「造勢」兩種。

借勢，就是參與大眾關注的焦點話題，將企業帶入話題中心，由此引起媒體和大眾關注。

借勢雖不失為企業揚名的一個好辦法，但「勢」並非想借就借，當企業揚名迫在眉睫而又無勢可借時，造勢則是另一個辦法。

總之，無論「借勢」還是「造勢」，目的都是提高企業形象或銷售產品。這裡，就「借勢」和「造勢」中需要注意的幾點加以說明：

**1．借勢要反應迅速**

如果企業發現可以借助的事件，就要爭取在第一時間介入，即在人們對事件的關注高潮時進入，所取得的行銷效果最大。

這一點，海爾就做得挺好。在二〇〇一年中國申請奧運成功的那一夜，海爾的祝賀廣告，第一時間便在中央電視台播出。這一紀念價值和象徵意義，對於海爾品牌形象的提升以及增強海爾與消費者的溝通，有不可估量價值。

**2．從事件關鍵點切入**

企業要找到事件的關鍵點，這個關鍵點必須符合企業的利益。比如從事件的結果看，正是由於企業產品，才使負面事件得以解決，這樣可以達到宣傳企業產品的效果。

而從事件的公益角度切入，則能樹立企業的良好形象，增強消費者對企業品牌的認知度和美譽度。如二〇〇三年 SARS 肆虐期間，不少企業各施所長，透過捐助、廣告、活動等形式，展現了社會責任感，有效提高企業和產品的知名度及美譽度。就連中國移動也抓住這次機會，向衛生部捐贈三百萬設立「SARS 醫療研究獎金」，並利用簡訊平台，向一點四億客戶免費在第一時間，發送衛生部的 SARS 權威資訊，樹立了良好的公眾形象。

### 3・定位要合理

無論企業是「借勢」還是「造勢」，都要準確定位。

（1）事件定位：就是要找到企業與事件的關聯，事件行銷不能脫離品牌的核心理念，必須和公眾的關注點、事件的核心點、企業的訴求重合，才能擊中目標。

（2）賣點定位：企業產品的賣點和事件應系統結合，切不可將事件與產品一味堆砌。

（3）消費者定位：企業要根據消費者特點定位，不同類型的人群關注的事件也不同。

### 4・建立風險防範機制

事件行銷是一把雙刃劍，雖然它能夠給企業帶來巨大的關注，也可能有反效果。比如說，企業或產品的知名度雖然提高，但卻是負面的評價。

網路事件行銷有一定的不可控制因素，並且新聞接受者對事件的理解程度，也決定了行銷的風險；此外，如果事件炒作過頭，一旦受眾得知事情真相，極有可能對企業反感，最終傷害企業利益。

所以，企業必須要同時看到事件行銷中的利益與風險，學會取利避害，並建立相應的防範機制，在事件行銷展開後依據實際情況，不斷調整原先的風險評估，以化解風險，直到事件結束。

## 「病毒式行銷」——讓「病毒」在消費者中蔓延

以往，人們很難接受新產品；但對一個企業來說，推出一個新產品、提出一個新概念、打造一個新品牌，都希望能夠很快打開市場，在競爭激烈的環境下，時間拖得越久，對企業越不利。

如何在短時間內獲得更多消費者認可，並打開市場，成為企業的一道難題。常見的解決辦法是：利用鋪天蓋地的廣告和大量活動宣傳，拋開成本，但這一方法如今已不見得有效。

如今，消費者在無數廣告和宣傳活動的騷擾下早已麻木，甚至對企業樹立起堅實的心理防線，以往行銷方式的效果越發不彰；如今，企業需要一種像病毒一樣，能迅速散播到人群，使其感染的行銷方式。

透過企業和商家的不斷研究，一種類似於病毒傳播的行銷模式誕生了。在病毒式行銷中，改變以往企業直接向消費者宣傳的模式，透過提供有價值的產品或服務，利用使用者的口碑宣傳網路，讓資訊像病毒一樣擴散，利用快速複製的方式傳向數以千計、數以百萬的受眾。

隨著網際網路在中國發展，病毒式行銷已成為網路行銷最獨特的手段，被越來越多商家和網站成功利用。那麼病毒式行銷的奧祕到底在哪裡？

## 一、有感染力的「病毒」

在病毒式行銷中，「病毒」的重要性顯而易見。對於「病毒」來說，只有感染性強，才能吸引受眾、引起共鳴，進而透過心靈溝通感染受眾，然後不斷蔓延。

網際網路中這種病毒很常見，通常是在為用戶提供有價值免費服務的同時，附加一定的推廣資訊，常用的推廣工具包括電子書、影片、Flash 短片、桌布、螢幕保護、賀卡、郵件、軟體、即時聊天工具等，即為使用者獲取資訊、使用網路服務、娛樂等提供方便的工具。

通常，病毒式行銷的核心，主要體現在兩個方面：

1．「病毒」必須有吸引力

不管「病毒」以何種形式出現，它都必須具備基本的感染基因。也就是說，商家提供的產品或服務對於使用者來說，必須有價值或者富有趣味，讓用戶有點擊的欲望，才會主動傳播。如免費的 E-mail 服務、免費電子書、具有強大功能的免費軟體等。

「火炬線上傳遞活動」之所以響應者眾多，就是因為它迎合了熱門時事——北京二〇〇八奧運聖火傳遞，提供普通民眾一個抒發熱情的平台，幫助他們實現傳遞奧運聖火的夢想。

2．「病毒」必須易於傳播

要使「病毒」迅速大規模擴散，呈等比級數地繁殖，必須易於傳遞和複製。除了病毒本身外，傳播方式要設計成舉手之勞就能實現，如使用即時通訊工具 MSN 等，或者發簡訊、寄郵件。

病毒要以易於傳播為原則，否則目標受眾就會喪失主動傳播的熱情，最終導致傳播效應減弱、傳播鏈中斷。從「火炬線上傳遞」來看，無論是活動參與者接受好友邀請、還是邀請好友參加，只要輕輕點擊滑鼠、鍵盤，就能輕鬆實現資訊傳遞。

病毒式行銷利用他人的資源，精髓在於找到一個能眾口相傳的「理由」，而基於網際網路的這種口碑傳播更為方便。如今，病毒式行銷已經成為一種高效的資訊傳播方式，由於這種傳播是用戶自發進行，幾乎不需要傳播費用，因此越來越被商家青睞。

病毒式行銷的關鍵在於創意，傳播的內容、趣味性，或者對用戶有價值，或者迎合了熱門時事，打動用戶，使其主動傳播。

## 二、找到易感染人群

在「病毒」創建完後，關鍵就是找到易感染人群，也就是早期接受者。一般，他們是企業產品或服務使用者，會主動傳遞資訊，影響更多人，然後營造出一個目標消費群體。在傳播過程中，普通受眾在這些易感染人群的帶動下，逐漸接受某一產品或服務。

最典型的例子，就屬騰訊的 QQ 聊天軟體。當初騰訊 QQ

將用戶鎖定在年輕人群體，並針對他們追逐時尚的特點進行推廣。當這一群體接受並適應 QQ 軟體時，他們便積極將這一病毒透過網路或口頭傳播，使病毒迅速蔓延。

## 三、看準「病毒」的初始傳播管道

病毒式行銷資訊，需要借助一定的外部資源和現有通訊環境進行。因此企業在選擇病毒的初始傳播管道時，要考慮到易感染人群的關注點和熱門時事。

一般來說，病毒式行銷的原始資訊，先在易於傳播的小範圍內推廣，再利用公眾的積極參與讓病毒大規模擴散。

例如，很多韓國服裝企業，將最新生產的服裝贈送給名模和明星試穿，並請他們將感想寫在部落格上。透過這一途徑，先感染這些明星的粉絲，再透過粉絲傳播給其他人。

病毒式行銷擁有很多其他行銷模式無可比擬的優點，如成本低廉、傳播速度快、受眾抗拒心理低等。有句話這樣說：就是看一百次廣告，也不及一個好友的誠意推薦。這也道出了病毒式行銷的真諦。

# 第十章

# 賣的不是產品，是服務——服務行銷心理學

# 大家賣的產品都差不多

對於現代企業來說，靠什麼生存？是產品、品牌還是宣傳？

先來看產品：對一個企業來說，沒有產品，就失去了企業存在的意義。這句話說得有理；但是，有產品卻不能賣出去的話，算不算成功？當然不算。

在激烈的市場競爭環境下，如果產品、價格一樣，品質相同，那麼是什麼決定消費者的最終選擇？是服務。

可以說，無論是產品，還是品牌、宣傳等因素，都必須建立在服務的基礎上，曾經作為附加價值的服務，已經被擺在行銷的首要位置，甚至對企業而言，它已經成為生存的根本。

要理解這一點，我們需要從服務的基本定義開始。

## 一、從消費者心理看服務

服務是什麼？服務是不是產品？很多人都會這麼問。這裡，筆者要告訴你的是：服務是產品。這種產品能夠帶來愉悅的感受，讓物質產品升值，給企業帶來無形的資產，幫助企業樹立品牌，塑造良好形象。

在激烈的市場競爭中，大家賣的產品都差不多，零售行業必須形成自己的服務特色。只有提高服務水準，才能獲得競爭優勢。具體來說，體現在以下幾個方面：

### 1．比價格更容易受到消費者青睞

企業間的市場競爭，無非是價格競爭和非價格競爭。價格競爭，以減少企業利潤為代價，活動空間有限，因為實力再強的企業也經不起長期虧本銷售；相比之下，服務競爭則是投入成本較低、產出較大的一種競爭手段。

比如，改善員工服務態度，實行微笑服務，沒有增加多少成本，卻可以提高消費者滿意度。而且隨著生活水準提高，支付能力增強，消費者越來越甘願為獲得優質服務花錢。

### 2．有利於企業塑造良好形象

不少企業都透過廣告塑造形象，這種宣傳手段有一定的效果，但由於虛假廣告較多，消費者普遍對廣告不信任。所以用廣告塑造企業形象，效果往往不是很理想。

相比之下，企業提供優質服務的事例，常常被消費者傳為佳話，更容易引起共鳴。可見，優質服務有利於塑造企業形象，提高企業知名度和美譽度。

### 3．提高品牌忠誠度

企業的經營狀況依賴於消費者忠誠度，消費者忠誠度又源於消費者滿意度，而消費者滿意度往往又取決於企業的服務品質水準。

因此，許多以優質服務著稱的企業，都非常重視為消費者提供高技術、高品質、高效率的服務，從而為企業帶來積極的口碑，減少招攬新客戶的壓力。

### 4·服務已經成為企業競爭的焦點

買方市場下的現實是：消費者可以自由選擇企業的產品。那麼想要吸引消費者，就得依靠企業的服務特色。

例如，駕駛購買汽油的主要動機是開車，而所有加油站的汽油都能有相同的效果，這樣在選擇加油站時就會加上其他標準——工作人員是否和氣、是否有禮物贈送等。而這些標準往往決定人們最後的選擇。

## 二、讓服務成為企業的生存之本

如今，服務真正成為企業的生存之本，企業必須建立起高品質服務的口碑，以獲得更多消費者認可。而要做到這一點，企業必須集中資源於服務品質上，具體體現在以下幾個方面：

### 1·廣納消費者意見，觀察消費者反應

服務品質的高低，不是由服務者來認定，而是由接受服務的消費者評價。因此廣納消費者意見、觀察消費者反應，就是改善服務品質的第一步工作。

根據一項非正式統計顯示：一百名感受到服務不佳的消費者之中，只有五人會明白表示不滿，其他九十五人雖不會表現出來，但也不會再次購買產品。由此可見，要讓消費者表達意見也不是件容易的事。因此企業應極盡巧思，利用各種手段了解消費者反應。

### 2．塑造追求卓越的企業文化

任何一個企業都要有自己的文化，而企業文化實際上就是一個經營和服務理念的反映。如麥當勞公司以 QSVC（品質、價值、服務與整潔）作為公司的實踐準則，全體連鎖店也確實做到了品質、價值、服務與整潔的要求。

### 3．建立績效標準與評估辦法

由於服務的無形性與生產消費的同時性的問題，服務者所提供的服務便呈現變異性，假如聽任於服務者的即興式表演，企業形象可能受損，而服務的銷售工作亦將受挫。這就需要建立一個績效考核的標準和對服務的評估方法，來加以引導和限制，讓服務更規範、更有效。

### 4．對員工進行服務方面的培訓

有了優秀員工，還需要加以適當培訓，形成統一的服務規範、服務形象；另外，在培訓的基礎上，再誘以升遷的機會，讓每個員工在服務過程中，都有發展的機會，激發出員工的積極性，才能保證企業蒸蒸日上。

種種跡象都已經表明，在產品同質化嚴重的今天，單純比較產品已不是企業的出路；而服務作為企業的組成，已經成為產品銷售的保障。可以說是服務決定產品，而不是產品決定服務。

如果企業是一個木桶，銷售部門和客服部門就是木桶不可缺少的木塊。銷售部門就像足球場上的前鋒，客服部門就是銷售部門的後衛，在關鍵時刻助銷售部門一腳。

## 別把消費者當上帝

對於企業來說，消費者是什麼？也許很多人都會回答：消費者是我們的上帝，是我們的衣食父母。

很多企業都是這樣看待消費者，甚至絕大多數企業和商家，都以此為企業的服務口號。但事實確實如此嗎？

先不論這句話的對錯，單是能夠真正做到將消費者作為上帝對待的又有幾家？很顯然，大多數商家都將這作為了一個空喊口號，真正付諸實施的寥寥無幾。不是難做到，而是這種做法本身有問題。

那麼，企業到底要如何看待消費者，並提供合適的服務？

### 一、消費者不能是上帝

近日與朋友聊天，朋友大談服務與消費者的需求，諸如「消費者是上帝，員工要無條件滿足消費者需求」等，工業化生產導致適度的產品富餘。

關於上帝的理解是「上帝存在於理想中，上帝不吃不喝，存在於冥冥之中，擁有至高無上的權力，祂關注著每一個人的成長——如果你相信上帝存在的話」。

對待上帝，我們往往內心崇敬、感恩，是一種精神寄託；

上帝可以要求每一個信仰祂的人，但人不能對上帝提出任何要求；上帝不買東西，即使買也應該不付款，這是上帝的特權。

消費者則不同。與消費者交往，依據市場法則等價交換，追求雙贏；對消費者需求真誠、尊重，但消費者的需求卻是實實在在的。對任何消費者而言，沒有免費的午餐，所以對待消費者必須有底線，長期評估買賣雙方的盈利原則，而所有這些對上帝都無效。

經濟的發展，體現了現在企業對消費者的態度。在產品匱乏的時代，企業是上帝，消費者是祈禱者；產品豐富的時代，經濟繁榮，消費者變成上帝，企業成為祈禱者。任何理念都有它的歷史局限性，把消費者理解為上帝，是特定歷史環境下，競爭讓企業不得不做出的抉擇。

其實，把消費者比喻成為上帝的核心觀點就是：「上帝永遠是對的，所以消費者也永遠是對的！」一些企業在這條原則指引下，一味遷就消費者，而一旦員工與消費者發生矛盾，錯永遠在員工。

透過更深入的思考，我們還發現，把消費者喻為上帝還有一層意義：「上帝是萬能的，有問題祂自己會解決。」

這就怪不得一些企業喊消費者是上帝，卻對消費者服務怠慢，商場員工一聽到消費者來退換貨就躲避推卸。消費者真的是上帝嗎？當然不是。

上帝並不是人人都能當得了，何況一個普通的消費者。對信仰上帝的人來說，上帝是決斷一切的人，是發號施令、可以改變一切的最高統治者；但對於企業來說，消費者有那麼大的權力嗎？

試想一下：如果企業的一切都讓消費者做主，生意也就做不下去了。別忘了，作為商業經營者，產品雖然是為了滿足消費者需求，更有引導消費者需求的初衷。所以從這個意義上來說，消費者不能是上帝。

## 二、為朋友提供的服務

既然消費者不是上帝，那麼消費者是什麼？

我們可以聯想一下：在平時生活中，除了親人之外，誰是我們最信任的人？估計大多數人都會回答：朋友。

我們與朋友無話不談，是值得信賴的人。那麼設想消費者也是朋友的話，是不是就容易信任我們，信任我們的產品？當一個企業把消費者當作自己的朋友時，就不會讓消費者對企業存有戒心，而有更多的信賴與忠誠。

從這個意義上來說，把消費者當作朋友而非上帝，無疑明智得多。

消費者不是上帝，而是我們的親人、朋友，並非高高在上，而在我們身邊。朋友和親人是雙向的，消費者把企業當作親人和朋友，才會記住我們，為我們的得失憂心，並關心企業成長。

一位追隨者請教行銷大師科特勒對「消費者是上帝」的看

法，科特勒說：「消費者是不是上帝我不懂，但是我必須知道消費者的需求，而我無法知道上帝的需求。」

一些推銷員信奉的準則是：「進來，推銷；出去，走向下一位消費者」，這是只做一次性買賣的生意經。這些推銷員顧著接待新消費者，卻丟失了最重要的消費者，結果往往是新消費者與失去的舊消費者抵消，得不償失。

一位行銷專家深刻地指出：「失敗的推銷員，常常是從找到新消費者取代老消費者的角度考慮問題；成功的推銷員，則是固著現有消費者，且擴充新消費者，使銷售額成長。」

美國人際關係學家戴爾·卡內基說過：「只要有辦法使對方從心底笑出聲來，成為朋友的路就展現在眼前。對方與你一起笑，意味著他承認並接納你。」

其實，我們在實際工作中，如果能真正為消費者著想，多做一點力所能及的事，消費者的感動會很真誠。

消費者不是上帝，只有當我們真正把消費者當成了朋友，才是我們最大的資本，這樣的朋友會為生意帶來許多好處。以真誠的心對待每一位消費者，把每一次接待，都當作是在為朋友服務，就能得到不少的朋友。

## 服務是行銷的開始

如今，我們的市場已由賣方市場轉為買方市場。這一市場最突出的表現是：開始由消費者決定購銷行為。企業要想賣出產品，就要千方百計讓消費者滿意。這種滿意主要體現在兩個方面：即產品、服務程度是否優質。

這兩個方面相輔相成。優質的產品是服務優質的基礎，而優質服務不僅使產品功能最大發揮，還能使消費者得到安全感與信任感，做到明白消費，從而提高企業信譽，使產品增加附加價值，還能獲得不可多得的資訊回饋。

美國行銷專家李維特說過：「未來競爭的關鍵不在於工廠能生產什麼產品，而在於產品能提供多少附加價值。」正說明了服務在行銷中的重要性。

## 一、正確理解行銷，更要從服務開始

多數企業在行銷的過程中，可能都會思考這樣一個問題：銷售和服務的關係是什麼？哪個在前，哪個在後？

可以肯定的是，幾乎所有企業都覺得服務很重要，但對二者關係的理解卻眾說紛紜。

現在，讓我們一起對這個問題進行分析。

首先，大家都知道這幾個常識：公司經營的目的，是盈利；行銷的目的，是創造業績；消費者購物的目的，是需求。

可見，企業與消費者的關係其實很簡單：相互依賴，因利而生。公司為了盈利、銷售人員為了創造業績，都必須滿足消費者的各方面需求，這個需求不單是指產品功效，服務也占了很大一部分。

這裡就會出現幾個問題：沒有銷售，為誰服務？沒有服務，怎麼做銷售？銷售算是一種服務嗎？服務是否包括在銷售過程中？

根據以往經驗判斷，上述幾個常見的問題的答案是這樣：沒有銷售，便沒有售後服務，但有售前服務；沒有服務，便有銷售可做。如今消費者除了追求時尚、個性的款式、產品的品質，也越來越看重服務。銷售算是一種服務，並且是一種需求性的服務;服務與銷售穿插在一起，所以服務也在銷售過程中，是銷售的開始。

顯然，銷售與服務二者的關係看似複雜，其實也很明瞭。

企業在行銷之前，首先要做的就是推銷自己，而推銷自己就是從你能提供的服務開始。企業提供了好的服務，和消費者才能保持良好的合作關係，維護好通路的銷售。

那麼我們也就可以得出：正確的行銷，應該是先從服務開始的，而不是銷售。

## 二、突出服務在行銷中的地位

行銷是一個漫長的過程，而自始至終，企業所需要做到的就是服務到位。也就是說，你想把產品銷售出去，就得首先在服務上下工夫。服務好，不僅能讓消費者義務為企業做廣告，激發其他人的消費欲望，也能讓消費者心甘情願地購買其他產品。

海爾從電冰箱起家，到洗衣機、彩色電視、空調、熱水器、電腦等系列產品，都受到消費者歡迎，這與服務產生的連鎖反應分不開。

服務是行銷的開始，實質上也是把服務貫穿到產品設計到售出的全過程。在產品售前階段，服務應該是精益求精地追求產品品質；在售中、售後，服務則更多地體現為為使用者提供專業知識，意味著將進入市場的產品負責到底，需要耐心、自信與勇氣。

實踐雖已證明：優質服務是增加市占率的有效手段；然而，放眼周圍的企業與商家，有的把服務簡單地理解為如何費盡口舌把產品賣出或維修上，少數企業甚至只將服務作為促銷產品的幌子，所謂服務，就是滿面含笑地推銷產品，而產品一旦賣出便對消費者愛理不理。

讓我們一起來看看服務的三大流程：

### 1．售前服務

在行銷中，售前服務是指，消費者已經對某種產品產生興趣，便對其進行一系列的購前影響。

想想看，如果消費者在參與企業行銷活動時，看到滿地的貨品包裝、廣告傳單、消費者廢棄物，他就會對這個企業的好感度下降；如果他聽到滿耳噪音，或嗅到刺鼻異味，也許他會轉身離開。

同時，對於一線的行銷人員來說，消費者在走近產品過程中的一系列服務用語，會對消費者產生很大的影響。當他接近某種產品時，行銷人員就要介紹這個產品的大概情況，如品牌、產地、優良的品質等；當消費者對這種產品產生購買欲望後，就要對其進行購買影響，讓消費者試用該產品。

在這個過程中，行銷人員要把產品的系列優點進行系統介紹，當消費者決定購買後，就進入了售中服務階段。

### 2・售中服務

消費者購買產品後，行銷人員要對其說明產品養護，也就是把缺點變成注意對象，這時語言的魅力就顯現了。

優秀的行銷人員會把產品的缺點完全展現給消費者，但會讓消費者覺得這只是注意事項，而不是產品缺陷。

當然，售中服務還包括產品包裝，有些消費者會要求對產品進行二次包裝，這種服務在很多企業免費，而有些企業還沒有此類服務。

當消費者心滿意足拿到產品後，就進入了售後服務階段。

### 3・售後服務

產品售出後，消費者在使用過程中如果出現產品品質問題，就會聯絡客服，這就是售後服務。

其實，售後服務應該是主動的，而消費者的退換貨及維修等屬於被動。企業對於大件產品，應該進行主動的售後服務，以週、月、季度、年為單位，進行追蹤服務，解決使用過程中出現的系列問題。

從上面可以看出：售前服務，以質取勝；售中服務，以細取勝；售後服務，以快取勝。

著名的廣告大師霍普斯金有句名言：「我賣的是產品，但更是服務。」良好的服務是行銷過程中的重要環節，也是消費者建立良好口碑的有效保證。事實證明，良好的售前服務帶來的效益無可估量，最佳的服務就是最佳的銷售。所以，服務的開始才是銷售的開始。

## 附加價值的心理籌碼

我們已經談過，服務在行銷過程中有著重要的作用，是對消費者一個攻心的過程。

在產品的銷售過程中，依靠服務的輔助，讓消費者在享受服務的過程中交出自己的真心，從而打破消費者心理防線，促成交易，讓企業和消費者都滿意。

在這之間，服務無疑起了很重要的作用。因此在企業行銷過程中，需要把服務「攻心」放在首位，自然能夠順利成交。

### 一、服務攻心原則

那麼，企業如何才能依靠服務來攻取消費者的心？在筆者看來，還需要遵循以下幾個原則：

### 1．分析消費者的心理

企業必須仔細分析消費者，了解消費者和了解產品一樣重要。企業要清楚：為什麼消費者會買我的產品？為什麼有些潛在客戶不買？消費者有哪些共同點？潛在客戶有哪些共同點？了解這些之後，企業就很容易知道，如何改善行銷的方法。

### 2．給消費者百分之百的安全感

在行銷的過程中，要不斷地提出證明給消費者，讓他百分之百相信你。每個人在做決定時，都會恐懼，生怕做錯決定，所以企業必須給消費者安全感。

### 3．分析競爭產品

在行銷過程中，企業必須了解自己的產品哪裡比競爭對手優秀。

為什麼消費者要購買我的產品，而不是競爭對手？很多企業都覺得消費者應該買他的產品，但也有其他很好的產品和服務，為什麼非買你的不可？

假設企業沒有仔細地分析這些，行銷就會遇到很大的困難，也很難讓消費者接受產品和服務，因為你不知道自己的產品到底哪裡比別人好。

## 二、將服務作為最好的產品提供給消費者

什麼才是企業最好的產品？並不是產品本身，而是服務。

事實上，每一種產品都會有缺點，會因為需求、期望值的不同，無法滿足所有人期望，更別說超越；但作為企業的特殊產品——服務來說，則是另一回事。

服務可以完美，而完美的服務就是完美的產品。一個企業能提供給消費者完美的產品，這樣的企業還愁生意不好、銷售不旺、業績不高嗎？若能提供完美服務，消費者的心理防線自然會被輕易攻克。

北京某建材供應企業就做到了這一點。該企業開創以來便一直強調「一切以消費者為本」的經營宗旨；與其他建材企業不同的是，該企業一直在特色服務上下工夫，「新、特、優」是該企業的經營特色。

雙語服務更是該店的顯著特色，在奧運即將到來之際，他們藉機推廣，無論產品介紹、居家裝潢知識，還是購物須知、售後服務等，均採用中英雙語，讓各國消費者都能享受到相同的熱情服務。

免費調漆、自由退換貨、免清洗、布藝加工等，也是該企業與眾不同的地方。他們將售後服務擴大化，在購物中不了解產品性能怎麼辦？該企業特聘請專業人員，將居家裝潢課堂搬進社區，讓消費者在家門口學到產品知識，提高辨別假貨的能力。

總結他們企業文化的核心就是：關心消費者，關心所有關心消費者的人。

哈佛商業雜誌一九九六年發表的一份研究報告指出：重

複購買的消費者可以為公司帶來百分之二十五到百分之八十五的利潤，而吸引他們重複購買的因素中，首先是服務品質的好壞，其次才是產品本身的品質，最後才是價格，由此可見服務的重要性。

所以，企業首先要認識到服務的重要性，並透過服務體現，才能創造出更多重複購買的消費者。

我們說過，服務也是一種產品。銷售跟服務不可分割，服務是基礎，而服務的最終目的就是銷售。在整個行銷過程中，服務穿插其中，從原料供應商到製造商，從製造商到供應商，再到最終消費者。在這個銷售鏈中，賣方的服務品質及效率，影響銷售的效果，銷售環節的設置合理，能使良好的服務發揮到極致。因此兩者又是相互作用、缺一不可。

行銷學中服務的定義是：「它是一種涉及某些無形因素的活動、過程和結果，包括與消費者或他們擁有財產間的互動過程和結果，並且不會造成所有權的轉移。」如此看來，服務更像是企業贏得消費者的重要籌碼。

總之，服務是一種無形的東西，只能讓別人感覺到；但是它貫穿於整個產品銷售中，影響消費者對整個產品的滿意度，重要性不言而喻，在當今社會中服務的好壞，可以決定一個企業的未來。

# 服務要超出消費者期望

消費者期望是什麼？根據心理學對其的定義：消費者期望，是指消費者希望企業提供的產品或服務，能滿足其需求水準。若達到這一期望，消費者會感到滿意，否則就會不滿。

很多企業認為，他們一直在為滿足消費者期望而努力，而這樣做的結果是什麼？他們往往無法達到。

我們都知道：當目標定位太低時，實現它的要求也會變低。如果企業僅僅以滿足消費者期望為目標，那結果就是對自己的要求也降低，從而感覺消費者的期望越來越高，無法實現。

從這個角度來說，要想滿足消費者期望，就不僅僅以滿足消費者期望為目標，而要想辦法超越期望。試想一下：當企業提供的服務超過了消費者期望，消費者會是什麼心情？

## 一、探求消費者期望

很顯然，滿足和超越消費者期望無法一蹴而就，更不是空想就能實現，而需要腳踏實地。

要想做到這一點，企業必須提升服務水準，而提升的前提是什麼？我們常說：要知彼知己，才能百戰不殆。知彼知己是為了更好地解決問題，而要想滿足和超越消費者期望，當然要先了解消費者有哪些期望。

「有一件事攸關服務的成敗」，北歐某公司的一位負責人指出，「就是清楚你的消費者是哪些人，以及他們的期望是什麼。」

消費者細分，能滿足第一項要求，而探求則能滿足第二項，但大多數企業並不會主動探求消費者期望；實際上，這種探求是擬定服務策略的關鍵，千萬不可等閒視之。

探求消費者對服務的期望，遠比找出他們的需求困難許多。例如一件衣服，確認其流行款式、色彩，遠比確認服務特色容易，而後者則包括有「安全」或「受到尊重」的感覺。

正如有位英國學者指出：「服務給人似有似無的感覺。」正因為服務非實質，難以標準化，消費者對服務的判斷，會因為提供服務者和本人的參與程度產生偏差，而且服務的產生和提供也很難區別；然而，作為擬定服務策略的第二步，這種探求將給企業帶來實質的銷售業績和利潤。

對此，企業在對消費者期望的探求上，要找出企業與消費者服務定義的差異，探求消費者真正的期望。

但要切記，有一種方式絕對會錯誤地判斷消費者期望：即召集管理階層開會，討論出服務方式，將之擬為調查問卷，對數百名消費者調查，用表格列出調查結果，然後擬出一套服務策略。

實際上，只會朝內看的企業，往往會受到產業標準和傳統做法的制約，最後都採用不當的服務策略，導致市場占有率和獲利率仍舊偏低。

## 二、設定消費者期望

我們需要設定消費者期望，即設法影響消費者期望。這是因為，若消費者的期望水準超過所提供的服務時，他們就會感到不滿；而一旦提供的服務水準超出消費者期望，消費者必然會非常滿意。

然而，如果不設法控制消費者期望水準，那麼花時間將消費者加以細分、研究期望，並擬出一套服務策略，等於是白費工夫。

芝加哥大學的李立教授，曾經研究過十五家使消費者滿意的別具匠心企業。他發現：這些企業都會謹慎把關廣告和推銷員對消費者的承諾，以免消費者產生過高期望，所以在實踐中，這些企業提供的服務就能超乎消費者期望。

顯然這些企業的祕訣，在於提供稍高於消費者期望水準的服務，控制消費者的期望服務水準略低於企業。例如，企業可能在十八小時內保證送貨上門，那麼最好承諾二十四小時內，而不要承諾十八小時。

當然，設定消費者期望需要有一個標準，或者說極限，其中最大的限制就是現實情況。消費者期望是由許多無法控制的因素組成，包括消費者從廣告中獲得的資訊、接受服務時的心理狀態等。

因此，企業有必要擬定一套溝通計畫，包括廣告、促銷、公關以及口碑等，使消費者期望符合企業的服務策略。

可見，成功的服務必然符合兩項標準：一是使本企業有別於競爭者，採取獨特的方式；二是企業要引導消費者對服務的期望，使其稍低於企業提供的服務水準。

當消費者逐漸有經驗，競爭也變得激烈時，消費者的期望必然會逐漸升高。有時即使服務在近幾年有顯著改進，但由於消費者期望過高，心中的不滿也會逐漸增加。

我們反覆強調這一點，是要說：對企業而言，把消費者期望維持在適當水準——稍低於實際標準——也是一項永無休止的挑戰。

## 三、超越期望，贏得消費者的心

在實際行銷中，你會發現：大部分企業都在研究如何增加業績、如何提高利潤，而他們都沒有成功的真正原因，就是消費者滿意度。

一家企業之所以會成功，是因為他做了非常好的服務。金錢是價值的交換，賺多少錢和給別人提供什麼價值成正比，服務的品質就是消費者滿意度。

世界行銷大師賴茲說過：別擔心你的消費者不被注意，而如果你不注意你的消費者，你的競爭對手一定會注意。

只要研究過世界上成功公司的案例，就會發現他們有一樣共通的特質——提供最優質的服務。不管銷售什麼產品，他們始終夜以繼日的為消費者服務，每一行的佼佼者都是如此。

不斷用服務對消費者轟炸，競爭者就無可乘之機，一兩次的行動無法贏得終身消費者，只有永不懈怠的服務，才能建立長久關係。

如果這麼做，就會被消費者視為可信賴的人，因為你永遠隨傳隨到。這聽起來很簡單，但如果要始終如一地做，就考驗著毅力和耐性，但會收到意想不到的豐碩結果。

想像一下：一位新娘訂製了一套白色婚紗，但由於天氣問題，結婚當天快遞公司沒有把婚紗及時送到，新娘非常傷心；但當這家快遞公司知道情況後，專程派一架直升飛機把這套婚紗送到現場，新娘自然萬分感動。

當然，僅僅為了送一套婚紗，這家公司的業務得不償失，但參加婚禮的所有賓客，都會讚嘆這家快遞公司為消費者著想的服務態度，當他們以後需要快遞業務，一定會選擇這家公司。

這就是「金杯銀杯，不如消費者的口碑。千好萬好，不如消費者說好。」物超所值的服務，就是最佳賣點。

總之，要想贏得消費者的忠誠，服務永遠要超越消費者期望，假如不了解到底消費者期望是什麼，就沒有辦法更上一層樓。那麼如何為消費者提供超值的服務？

這就需要企業做到以上幾點：了解目前消費者有什麼樣的怨言、消費者對企業的期望、設法達到消費者期望、進一步超越消費者期望。

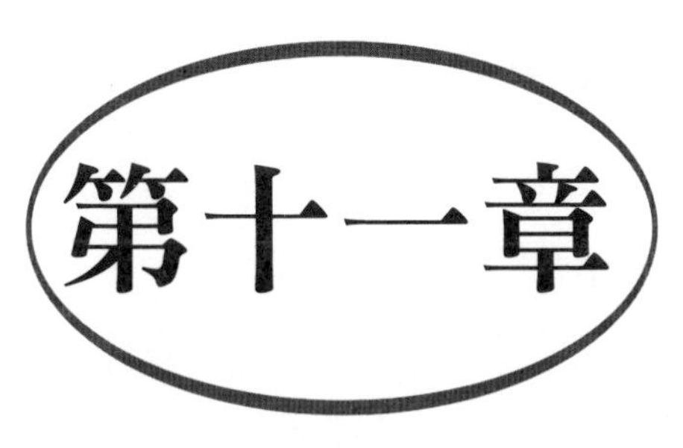


# 做行銷難，做行銷人更難——行銷管理心理學

# 行銷人員對顧客的心理影響

如今，「以消費者為中心」的現代市場行銷觀，占據著主導地位，越來越多企業把它視為行銷管理的座右銘。

然而，幾年行銷實踐下來，大多數企業並沒有因此受益，「以消費者為中心」並沒有成為某些企業商戰獲勝的法寶。

探究其緣由，不難發現：許多企業的行銷人員並未理解「以消費者為中心」的真正含意。

要知道，從事行銷活動過程中，所體現的以消費者為中心，並不是消極被動地適應消費者需求，而應該積極主動地創造良好經營環境、滿足不同消費者的心理活動需求。企業要想真正以消費者為中心，就需要讓每一位行銷人員都理解、參與到這一過程中。

## 一、打造良好外部形象

在心理學中，將外表看成是影響第一印象的因素；同樣，行銷人員的儀表會影響消費者對企業的認識。

我們所說的儀表，指一個人的外表，包括容貌、服飾和言談舉止等，它是人心理狀態的自然流露，與人的生活情調、思想修養、道德觀密切相連。

在行銷過程中，消費者對企業的評價，往往是從行銷人員儀表的評價開始。所以，行銷人員的儀表猶如企業的門面，其整潔美觀的儀容和明朗良好的風度，不僅表現了個人的精神面貌，也反映了企業風貌。它給消費者的視覺印象，直接影響消費者購買活動中的心理變化和對企業的綜合印象。

心理學家研究表明：行銷人員的體態是心理活動的外在載體，人們內心世界的活動狀態往往透過儀表與動作表現。健康的體態、精神飽滿的容貌，能夠給消費者安全、衛生、愉快的感覺。

當然，這裡提到的容貌，主要體現在行銷人員接待消費者時的面部表情以及情感神韻。一般來說，精神健康、整齊清潔的行銷人員，消費者會願意與他交換意見，放心地購買商品：反之，如果行銷人員萎靡不振、蓬頭垢面，難以給消費者良好的印象，只能感到不快。

同樣的，整潔合體、美觀大方的服飾能夠給消費者清新明快、樸素穩重的視覺印象。行銷人員與消費者接觸時，首先映入消費者眼簾的是其著裝。

通常在工作期間，行銷人員會穿著企業統一分發的制服，並掛牌服務，這些利於消費者監督，並給消費者整體的感覺；沒有分發工作制服的企業，行銷人員的著裝應美觀大方、合時合體，既不能穿奇裝異服，也不能過於老式陳舊。如果服裝過於花哨，容易給消費者帶來輕浮、不可靠的印象；相反，如果過於呆板、落伍，又會讓消費者懷疑行銷人員的鑑賞力，當行銷人員為消費者推薦、介紹商品時，消費者對其意見的採納程度會大打折扣。

最後需要注意的一點是：在接待消費者的過程中，行銷人員的言談舉止，往往是消費者最注意的因素，直接影響消費者心理活動。

良好的言談舉止能給消費者親切、文雅的感覺。行銷人員的言談舉止，指接待消費者過程中語言的聲調、音量及站立、行走、言談表情、拿取商品等方面的動作，最能體現人的性格。

一般來說，行銷人員言談清新文雅、舉止落落大方、態度熱情持重、動作乾脆俐落，會給消費者親切愉快、輕鬆舒適的感覺;相反，舉止輕浮、言談粗魯，或者動作怠慢、漫不經心，則會使消費者產生厭煩心理。

## 二、用服務創造滿意

我們曾說過，情感因素是消費者心理活動一種特殊反映形式，貫穿於購買心理活動中的評定和信任階段，對購買具有重要的影響。

影響消費者情感過程的諸多因素中，行銷人員的服務是極為重要的因素。如果行銷人員能夠為消費者著想，向消費者提供必要的售前服務，便能使消費者對企業產生極大好感。

因此，企業在經營活動過程中，應當處處體現以消費者為中心的現代市場經營觀念。這就要求企業在經營活動中根據消費者習慣，做好門市布置工作，合理陳列商品，精心安排燈光照明，恰當調配色彩，同時積極向消費者提供企業經營資訊。

只有這樣，企業才能擁有一個良好的購物環境，使消費者對企業有充分了解，從而對企業產生好感。

同時，行銷人員應掌握消費者心理，學會判斷消費者需求，在經營過程中，向消費者提供最佳服務。根據消費者不同個性及需求，適時向消費者展示、介紹商品，有針對性地進行現場演示，向消費者傳遞相關商品的資訊，誘發消費者的積極聯想，必要時幫助消費者決策，做消費者的參謀，使消費者產生購買慾望。

總之，企業信譽度的高低是消費者選定企業的依據之一，行銷人員要努力為消費者提供各種形式的售後服務，盡可能消除消費者在購買過程中的各種疑慮，使消費者在使用商品後感到真正滿意，從而使消費者對企業產生積極的評價，對實現重複購買有著積極的促進作用。

## 營造團隊最佳心理氛圍

企業為實現其行銷目標，往往需要建立相應的行銷部門或小工作團隊，由這些行銷團隊實現企業目標。

行銷團隊除對組織有重要作用，對組織中的個人也具有重要功能。行銷人員透過加入團隊，產生歸屬於團隊的情感，獲得社會心理的滿足，並自覺維護這個團隊的利益，與其他成員產生共鳴，採取一致行動。

因此，企業需要營造出最佳的團隊心理氛圍，透過滿足成員間的情感需求，增強團隊的凝聚力，使整個組織步調一致。

## 一、行銷團隊的規範

行銷團隊的規範，是指行銷團隊中的行為標準，這些標準對團隊中的每個成員都具有指導約束作用。每個行銷人員在工作中乃至個人生活，都會自覺或不自覺按照團隊規範行事。在一個擁有現代理念的行銷團隊中，每個人都以顧客為上帝，自覺為顧客提供一流服務，形成統一的團隊規範；而不尊重顧客的行為，則會被視為嚴重違反團隊規範，必將受到制裁。

在行銷團隊中，團隊規範的作用主要表現為，使成員認識標準化和行為一致。這種作用主要透過兩種途徑實現：

### 1．自律作用

即行銷團隊的規範為成員認可，每個行銷人員都自覺地遵守團隊規範，透過自律實現成員行為的一致。

### 2．他律作用

即當行銷團隊的少數成員忽視、否定團隊規範時，團隊規範則以一種團隊壓力的形式，迫使少數成員服從。

## 二、合理利用團隊壓力

團隊壓力，是指行銷團隊中的少數成員，發現自己的行為及意見與團隊或大多數人分歧時，產生的心理壓力。

團隊壓力的作用，主要是迫使少數成員使其態度和行為與團隊或多數成員一致，透過團隊規範和團隊輿論表現出來。團隊規範代表團隊的意志，團隊輿論反映多數人的意見，並且針對少數人。任何違反規範的行為，都會受到規範的制約，同時受到輿論譴責，違反規範者會產生心理壓力，迫使其遵守規範，與多數人一致。

團隊壓力的作用包括正、反兩面：一方面，團隊壓力具有積極作用，即對不利於組織目標實現的行為進行團隊制裁，從而使其採取有利於組織目標的行為；另一方面，團隊壓力也具有消極作用，即落後的團隊規範與輿論，將打擊個體的積極行為。

## 三、提高行銷團隊凝聚力

行銷團隊凝聚力，是指行銷團隊對其成員的吸引力及成員間的親和力。行銷團隊的凝聚力受多種因素影響，主要來自於：行銷團隊目標與活動對成員的吸引力、團隊威信及其領導的個人魅力對成員的吸引力、團隊成員間的人際吸引力等。團隊凝聚力的大小，最終取決於團隊對成員心理需求的滿足程度。

在一個行銷部門內，如果領導尊重與信任下級，行銷人員之間相互幫助、關係融洽，每個成員都以在團隊中工作感到自豪，就形成了很高的凝聚力。

行銷團隊凝聚力的提高，主要有以下幾個途徑：

### 1．教育與思想工作

要利用多種、有效的形式，教育行銷團隊的成員人生觀和價值觀，宣導奉獻精神，樹立先進榜樣，並針對實際問題深入思考，營造健康向上、親切融洽的團隊氛圍。

### 2．建立合理的目標結構與鼓勵模式

要盡可能使團隊目標與成員利益統一，使目標適宜，並採用有效的鼓勵模式。

### 3．提高領導者的威信

行銷團隊的領導者要努力提高自身素養，塑造有魅力的形象，提高領導威信，從而吸引與帶動全體成員，共同實現團隊目標。

### 4．感情溝通與關係協調

要注意協調上下級間、成員間的相互關係，透過感情與關係的紐帶，增強團隊成員間的吸引力，營造親和融洽的團隊氛圍。

### 5．善於運用外部環境壓力

行銷團隊必須冷靜分析外部環境，正確認識外部現實或潛在壓力，樹立全員危機意識，營造一種同舟共濟的氛圍，增強行銷團隊的凝聚力。

## 四、行銷團隊的競爭心理

競爭是一種普遍存在的社會現象。它是個體或團隊為達一定目標，力求勝過對方而表現出的對抗性行為。競爭對人們的心理和行為有很大的促進作用，競爭作為一種外部刺激，可以激發個體的自尊需求和自我實現的需求動機，推動人們全身心地從事活動，大大提高績效。另外，競爭的成敗也會引起人們心理震盪，產生消極的情緒，造成不良後果。

行銷團隊的競爭大體可以分為兩種：一種是團隊內成員之間的競爭對員工心理的影響；另一種是團隊間的競爭對工作效率的影響。

### 1．團隊內成員的競爭

行銷活動往往以業績和服務水準衡量行銷人員的工作績效，行銷組織為提高業績和服務水準，會引入鼓勵和競爭機制，激發團隊成員。

透過競爭，成員能夠明確自己的目標，增強工作和學習的動機，激發潛能，形成積極的工作氛圍。

但是，競爭也會導致團隊成員的人際關係緊張，以自我為中心。在競爭中的勝負，也會對成員的心理和行為產生影響。在競爭中獲勝，會產生成就感和滿足感，增強信心，也可能驕傲自滿；在競爭中失敗，可能會反省自己，客觀評價自己，力圖總結經驗，奮起直追，也可能產生消極情緒，或找失敗的藉口。

### 2・企業間的團隊競爭

團隊間的競爭，既可能是同一企業的團隊競爭，也可能是不同企業的團隊競爭。

團隊間的競爭可以增強團隊的凝聚力和戰鬥力，團結成員，提高對團隊的忠誠度，競爭雙方或多方能夠借鑑對方的長處，思考和改進競爭的策略。競爭中獲勝的團隊，內聚力進一步加強，緊張感消除；競爭中失敗的團隊，可能會吸取教訓，進一步提高士氣，也可能互相埋怨，自暴自棄。

總之，在行銷團隊中，企業要適當引入不同機制，激發行銷人員的工作動機，發揮團隊的積極作用；同時，要減少對抗和不正當競爭行為，盡力消除團隊競爭帶來的消極作用。

## 把握好行銷人員的一般心理素養

企業的行銷人員通常要扮演多個角色，既要代表企業向消費者推銷產品，同時又要在顧客的購買活動中盡到參謀的義務。

如此看來，行銷人員既要有高度的責任心和使命感，同時也要尊重和理解顧客的需求；但在現實的行銷活動中，由於行銷人員素養各異，可能會與顧客發生矛盾。

在很多企業的行銷隊伍中，大部分行銷人員的年齡在十八歲到二十五歲之間，都是血氣方剛的青年，甚至很多行銷人員才加入行銷隊伍不久。這些行銷人員心理素養還不完善，很容易與顧客發生矛盾。

因此，企業必須培養行銷人員良好的心理素養，以應對行銷過程的問題。

## 一、提高行銷人員的認知

行銷人員事業成敗與否，在於他們的心理素養。與任何心理活動一樣，行銷人員的心理素養中，認知過程中有著接受刺激、形成印象的作用。這是心理過程的第一個環節，也是很重要的環節。如果行銷人員的認知過程有差錯，那麼他就會走向歧途。

以下幾項內容，對提高推銷人員的認知過程相當重要。

### 1．敏銳的觀察能力

行銷人員的認知屬於社會認知，社會認知的對象是自己、他人、人際關係等。行銷人員依據過去經驗，結合有關線索分析，形成對自己、他人和人際關係的心理表象，這便是認知的來源。

我們都知道，無論怎樣隱祕的心理活動，都有一定的外部表現，觀察者利用被觀察者無意流露出來的眼神、語氣、手勢、行為等進行判斷。

所以，觀察能力的高低直接影響認知的效果，因此培養敏銳的觀察力，是行銷人員必須掌握的技能。

### 2・良好的判斷力

判斷力讓行銷人員能從觀察到的外部線索中推知對方行為。正如前面所講，任何人的行為，背後總有動機在推動，而動機又是需求所衍生。

人的需求是心理活動的原動力，如果行銷人員能夠直接把握事實真相，就不難設計出相應的策略，達到預定目的。

對此，除了依靠行銷人員豐富的閱歷，還要培養其敏感的觀察力，學會根據對方的言談舉止、背景資料或身材相貌，直接把握對方的心態特徵。

### 3・豐富的知識儲備

作為行銷人員的一項基本素養，知識儲備是指掌握與推銷活動有關的經驗和規律。知識儲備需要專門系統的學習。

知識的內容非常豐富：首先，是與產品有關的各種資訊，如產品的結構、功能、生產工藝流程、成本與價格；其次，是與銷售有關的知識，如生產管理、經營管理、市場行銷、推銷技巧、消費心理、合約法律等;最後，是其他一些輔助性知識，如經濟學、管理學、心理學、倫理學、美學、社會學、公共關係學等。

## 二、培養行銷人員的思維能力

市場競爭日趨激烈，很多企業的銷售部門先是模仿、引進西方國家的一些促銷手段，如廣告宣傳、彩券贈送、回扣等，再發展出中國特有的銷售方法。

目前，中國的銷售手段還處於模仿別人的階段，創造性的成分較少；但可以預測的是，中國經濟與國際市場接軌後，銷售工作必大有突破。這就依賴於銷售部門創造出新穎獨特的銷售方法，保證商品通路順暢。

行銷人員應突出其中幾種有利於職業的思維方式，而這往往直接影響推銷的業績，主要有以下兩種：

### 1・創造性思維

創造性思維和創造性想像、創造型活動緊密聯繫。創造性思維的心理特徵表現為主動性、深刻性、反向性、發散性、聚合性和獨創性六個方面。

社會上總有一批人敢於衝破傳統，用新思維、新活動處理問題。若干時間以後，這種反傳統的規範被大多數人模仿而成為新的傳統，如此循環往復。因此如果要獲得有意義、有價值的人生，就必然要運用創造性思維。

從銷售行業的發展歷程，也可以看出創造的重要。在瞬息萬變的世界中，任何現成的解決方案都有滿足不了的現實，時間可以使曾經先進、獨特的思維成為傳統。因此為了人類的生存和發展，需要充分發揮創造性潛能。

### 2・具有一定的幽默感

幽默感可以調和人際間緊張的關係，縮短人與人之間的距離，是行銷人員必不可少的素養。行銷人員在面對顧客時，可以用幽默的方法化解尷尬的局面，若用來指出自己的缺點，更能博得對方的好感。一般來說，成功的推銷員都有一定的幽默感。

行銷人員的創造性，直接關係到工作成敗。當市場上所有行銷人員都上門推銷時，你也用這種方法，最多只能成為其中一員；如果你一邊用這種方法，一邊用「產品愛好者協會」或其他聚會的形式開發新用戶，就能在競爭中獲勝。對行銷人員而言，設計出新的推銷思路並形成自己的風格，至關重要。

## 行銷人存在的問題行為及矯正

在心理學中，將人日常生活中的消極行為稱為「問題行為」；而行銷人的問題行為，主要指行銷人員在行銷活動中的種種消極行為。

企業往往只關注行銷人員的業績，並不關注行銷人員的行為，這也是導致企業業績不穩定的主要原因。

一般，行銷人員的問題行為大致可劃分為兩類：一是攻擊性問題行為，如行銷人員在銷售過程中採用不當促銷手段，違反法律、法規、行業道德規範，或者冒犯顧客等。這類問題行為會破壞行銷目標的實現、企業形象及企業內部管理。

第二種是退縮性問題行為。如行銷人員對待工作和消費者表現出內向、冷漠的消極態度，這類問題行為往往容易被管理者忽視；事實上，退縮性問題行為的危害也很大。一方面，退縮性問題行為使會對工作產生消極影響；另一方面，銷售人員長時間將問題悶在心裡，會形成心理疾病。

那麼企業應該如何防止和解決行銷人員的問題行為？

## 一、預防與矯正行銷人存在的問題

心理學專家指出，一般情況下，影響行為的因素包括自身因素和所處社會環境。而對於行銷人員來說，影響其行為的因素包括：工作方面的因素，如行銷目標、工作條件、顧客關係、銷售業績等；管理方面的因素，如領導信任程度、上下級關係、獎勵懲罰、管理方式等;生活方面的因素，如工作福利、婚姻戀愛、文化生活等;行銷人員自身方面的因素，包括認識、情感、意志、能力、性格、氣質等。正是主、客觀兩方面的因素，導致行銷人員的問題行為。

具體而言，問題行為主要有兩種情況：一是由於行銷人員以不合理、不正當的方式滿足需求；二是在遭遇挫折後，行銷人員產生非理智的挫折反應。

行銷人員的問題行為，會對銷售目標的實現產生負面影響，因此企業對行銷人員的多種問題行為必須高度重視，採取積極主動的態度，運用有效手段預防與矯正。行銷人員問題行為預防與矯正的常用方法有以下幾種。

**1・把握時機，冷靜分析**

企業必須對行銷人員可能產生的問題行為有較強的防範意識，特別是當行銷人員產生強烈的需要或出現挫折時，要格外注意對問題行為的預防。當發現行銷人員的問題行為後，要全面而冷靜地分析，及時找出問題行為的原因。

**2・宣傳教育，正面引導**

無論是預防、矯正問題行為，企業都要堅持看待行銷人員工作的積極面，並加以肯定。在此基礎上，企業應加強正面宣傳教育，並進行積極引導。

**3・關心愛護，理解尊重**

對行銷人員的問題行為，企業管理者切忌懷著鄙視的態度，一味指責；相反，應當滿腔熱忱，對產生問題行為的員工關心愛護，充分理解、尊重他們的人格與意願，在感情溝通的基礎上幫助行銷人員矯正問題行為。

**4・適當宣洩，因勢利導**

當行銷人員由於遭受挫折或其他原因，產生強烈不滿甚至憤怒時，可以選擇適當的方式和管道讓其宣洩，使其心理恢復平衡，並在此基礎上耐心解釋、說明和疏導。

## 二、調節行銷人員與消費者之間的衝突

行銷人員與消費者之間衝突的原因很多，主要有以下三個方面：行銷人員或消費者在購物現場的消極情緒；消費者要求退換商品時，雙方產生爭執；行銷人員不能正確對待消費者的意見。

另外，行銷人員與消費者性格上的差異，也是形成衝突不可忽視的因素。雖然行銷人員與消費者之間衝突的原因雙方都有，但從現代的企業經營觀念出發，只能從行銷人員角度來避免、消除衝突。

### 1．提高行銷人員的修養

自制力，是指一個人控制和支配自己行動的能力，一方面表現為迫使自己克服困難，採取行動執行決策，另一方面表現為善於抑制感情衝動。高度自制力對行銷人員十分重要，如果有較高自制力，可以在任何條件下都保持冷靜，即使遇到消費者的無理指責和挑剔，也能使對方平靜，避免衝突發生。由於自制力可以在客觀環境中提高，所以要求行銷人員不斷提高自身修養。

### 2．樹立消費者利益至上的信念

消費者進入商店購買的不僅僅是商品，也包括服務。行銷人員應要設身處地為消費者著想，更好地理解消費者的心情，從而主動採取措施，消除雙方的矛盾和不和諧。

### 3．掌握處理消費者不同意見的方法

在企業的行銷活動中，形成矛盾衝突的一個重要原因，就是行銷人員不能正確處理消費者的不同意見，特別是反對意見。

在處理不同意見時，應注意：第一，要弄清消費者反對意見的真實原因；第二，要爭取主動；第三，要掌握火候，掌握什麼情況下才能反駁消費者意見；第四，要量力而行。

總的來說，處理行銷人員的問題行為時，企業一方面積極的表彰、獎勵，樹立榜樣，對員工正面引導，預防問題行為發生；另一方面，要運用適當的懲罰，懲處問題行為，加以抑制或矯正。

## 行銷人的職業生涯規劃

每個人都有自己的職業生涯，在心理學中，常常把人們的職業生涯分為四個階段：職業生涯早期、職業生涯成長期、職業生涯成熟期和職業生涯後期。

一般來說，二十歲到三十歲屬於職業生涯早期，這個階段的主要任務是學習、了解、鍛鍊；三十歲到四十歲這個階段屬於職業生涯的成長期，主要任務是爭取職務輪換，增長才幹的機會，尋找最大貢獻區域；四十歲到五十五歲是職業生涯的成熟期，主要任務是創新發展，貢獻輝煌；五十五歲到七十歲是職業生涯的後期，主要任務是領導、決策或總結教訓，教授經

驗。

在這四個階段中，不同的時期會有不同的特點；當然，行銷人員也可以按照這一週期，制定自己的職業生涯。

## 一、行銷人員的職業生涯規劃

對於任何人來說，職業規劃就是個人發展的指路明燈。而對於行銷人員來說，在競爭激烈的現代社會，如果清楚了解自身的資源與優勢，明白如何根據個人核心優勢規劃未來發展，也就更容易實現夢想。

但考慮到行銷工作的特性，行銷對從業人員素養有一定的要求，所以行銷人員在做職業規劃時，必須考慮到行業特性與個人優缺點，才能制定合理的職業規劃。

通常，行銷人員的職業生涯規劃，是在自我了解的基礎上確定職業方向、目標，避免就業的盲目性，降低從業失敗的可能，為走向職業成功提供最有效率的路徑。

### 1・發展目標要確定

在制定發展目標時，行銷人員需要透過自我認識，發現是否具有行銷方面的特長、是否具備行銷人員的一般心理素養，以及是否適合從事行銷工作。職業發展目標要契合自己的性格、特長與興趣。職業生涯是否能夠成功發展，在於工作正是自己所長，如果一個人性格內向、不善於與人溝通，沒有敏感的市場意識，就很難成為一名成功的行銷人員。

### 2．根據實際情況制定目標

職業規劃要考慮到實際情況，具有可執行性。透過內外環境分析，使行銷人員認識到內外環境的變化以及挑戰，自己的不足之處。有些行銷人員很有雄心壯志，一心想要在行銷領域一鳴驚人，但行銷工作雖具有一定的飛躍性，但更多時候是一種積累的過程——資歷的積累、知識的積累。所以職業規劃不能太過好高騖遠，而要一步一腳印，層層晉升，方能成就夢想。

### 3．符合可持續發展性

職業規劃目標必須有可持續性，透過目標的正確選擇，行銷人員能夠在行業中找到自己的位置和發展空間。職業發展規劃不是一個階段性的目標，而是要能貫穿整個人生展望，所以必須有可持續發展性。如果職業發展目標太過短淺，不僅會限制個人奮鬥的熱情，也不利於長遠發展。

可見，選擇職涯路線，能夠使行銷人員工作、學習思路清晰，有計劃地發展。對此，行銷人員需要確立合理的職業生涯目標，激發活力，開發潛能，克服市場競爭的困阻，方能獲得成功。

## 二、建立成功的個人品牌

不僅企業、產品可以塑造優秀的品牌，作為企業個體的行銷人員也能塑造良好的品牌。行銷人員往往可以憑藉勤奮、熱情、能力、信譽、才幹等優良特質，帶來發展機會，樹立個人品牌。

與企業品牌塑造相同，個人品牌最重要的在於個人的策略定位：成為什麼樣的人，以及如何達成目標。同時，一個人要想建立個人品牌，必須了解自己最有優勢的資源。

對於行銷人員而言，能夠準確定位自我，深入了解自己優勢、並持續發揮，更容易成功。一個人只有持續專注自己的優勢，才能確立鮮明的個人品牌，而個人品牌的建立則代表了一種堅定的承諾與能力保證。

在行銷活動中，行銷人員要確立自己的個人品牌。首先，行銷人員要體現個人的獨特性，正如許多人買車時，會指定找喬・吉拉德一樣，行銷人員的個人品牌必須與眾不同，有自己的觀點與吸引人之處，且可以透過多種方式體現自己的獨特性。

其次，個人品牌是否能夠獲得認可，最重要的就是個人品牌的建立者能夠表現出其才能對大眾的價值與重要性。行銷人員不僅要對企業負責，更要對客戶負責。一個行銷人員只有以自己的承諾與信譽為基礎，切實地為企業、客戶帶來雙贏，才能體現出工作的重要性，建立起個人鮮明的品牌形象。

可見，行銷人員如果成功樹立起個人品牌，相當於樹立起一種信譽、一個鮮明的個人印記，即使環境變化、時間流逝，個人品牌的光芒也會永遠閃亮如新。

# 參考文獻

[1] （美）崔西．銷售中的心理學 [M]．王有天，彭偉，譯．北京：中國人民大學出版社，2007．

[2] 孫慶群．行銷心理學 [M]．北京：科學出版社，2008．

[3] （美）科特勒，等．行銷管理（第 13 版．中國版）[M]．盧泰宏，高輝，譯．北京：中國人民大學出版社，2009．

[4] 張海良．管道為王 [M]．合肥：黃山書社，2011．

[5] （荷）柏唯良．細節行銷 [M]．朱宇，譯．北京：機械工業出版社，2009．

電子書購買

爽讀 APP

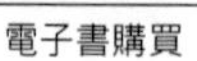

國家圖書館出版品預行編目資料

差異化勝出，創新與個性化的行銷心理戰：行銷就需要一些梗，一眼看穿消費者內心 / 張海良 編著. -- 第一版. -- 臺北市：沐燁文化事業有限公司, 2024.06
面； 公分
POD 版
ISBN 978-626-7372-66-1(平裝)
1.CST: 銷售 2.CST: 商業心理學 3.CST: 行銷心理學 4.CST: 消費心理學
496.5 113007892

# 差異化勝出，創新與個性化的行銷心理戰：行銷就需要一些梗，一眼看穿消費者內心

臉書

編　　著：張海良
發 行 人：黃振庭
出 版 者：沐燁文化事業有限公司
發 行 者：沐燁文化事業有限公司
E-mail：sonbookservice@gmail.com
粉 絲 頁：https://www.facebook.com/sonbookss/
網　　址：https://sonbook.net/
地　　址：台北市中正區重慶南路一段 61 號 8 樓
8F., No.61, Sec. 1, Chongqing S. Rd., Zhongzheng Dist., Taipei City 100, Taiwan
電　　話：(02) 2370-3310　　傳　　真：(02) 2388-1990
印　　刷：京峯數位服務有限公司
律師顧問：廣華律師事務所 張珮琦律師



定　　價：350 元
發行日期：2024 年 06 月第一版
◎本書以 POD 印製